内容と使い方

付属のDVDには音声付きの動画が収録されています。この本で紹介されたご本人が登場し、つくり方、使い方などについてわかりやすく実演・解説していますので、ぜひともご覧ください。

DVDの内容 全52分

パート1

モグラもネズミも捕れる！
落とし穴式筒型ワナのつくり方と使い方

新潟県新潟市 中村巖さん

13分

［関連記事 12 ページ］

パート2

ワイヤー1本でイノシシを獲る
くくりワナのしくみと仕掛け方

愛媛県松山市 金脇慶郎さん

22分

［関連記事 26 ページ］

パート3

イノシシ・シカが
よく獲れる
箱ワナの仕掛け方

熊本県八代市 瀬上精一さん

17分

［関連記事 34 ページ］

DVDの再生 付属の DVD をプレーヤーにセットするとメニュー画面が表示されます。

「全部見る」を選択。ボタンが黄色に

全部見る

「全部見る」を選ぶと、DVD に収録された動画（パート１～３ 全52分）が最初から最後まで連続して再生されます。

「パート 1」を選択した場合

パートを選択して再生

パート１のボタンを選ぶと、そのパートのみが再生されます。

4：3の画面の場合

※この DVD の映像はワイド画面（16：9の横長）で収録されています。ワイド画面ではないテレビ（4：3のブラウン管など）で再生する場合は、画面の上下が黒帯になります（レターボックス＝LB）。自動的に LB にならない場合は、プレーヤーかテレビの画面切り替え操作を行なってください（詳細は機器の取扱説明書を参照ください）。

※パソコンで自動的にワイド画面にならない場合は、再生ソフトの「アスペクト比」で「16：9」を選択するなどの操作で切り替えができます（詳細はソフトのヘルプ等を参照ください）。

この DVD に関する問い合わせ窓口　**農文協 DVD 係：03-3585-1146**

目次

中型獣・大型獣にも 箱ワナ

サル・シカに 囲いワナ

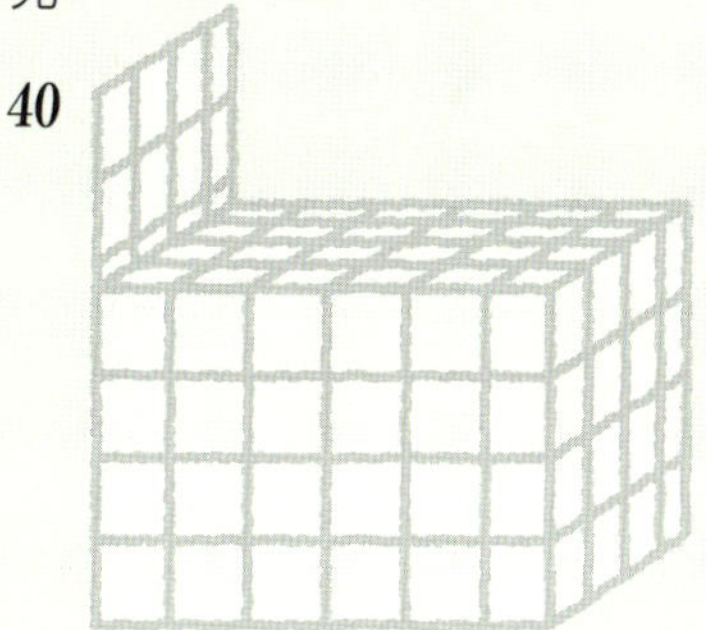

動物の名前から探したいときは…

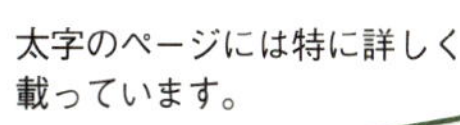

太字のページには特に詳しく載っています。

まっこと
これがたまるか

ワナ猟免許をとって反撃だ

長野博光

私は高知県安芸市で温州ミカンを栽培する農家です。土佐は海の国、山の国、お日様の国。森林面積率、年間の日照時間、降雨量が日本一、ここで実るミカンは格別です。

園地は、山のてっぺんから斜面にかけての一・八haの段々畑。クジラが泳ぐ『おらんくの池』（土佐湾）を見渡しながらの仕事は爽快なのですが、平地では見られない鳥獣被害に悩まされます。空からはカラス・ヒヨドリ・メジロなど、地上からはイノシシ・シカ・ハクビシン・タヌキ……まさに「鳥獣連合」に攻められるのです。集落の稲作も、まるでイノシシのエサづくり。いまや近所の農家は稲作を放棄、米は買って食べるという有様です。

農業はほぼ年一回の収穫です。田畑を耕し、自然災害に立ち向かい、病害虫を防除し、汗を流してやっと実りを迎えるまさにそのとき、獣に荒らされます。ひどいときには全滅です。サラリーマンに例えますと、毎月の給料日に必ず泥棒や強盗にあって給料を奪われるのと同じです。

被害が年々続くと、恐ろしいのは耕作意欲の喪失です。すでにどれだけの先祖伝来の棚田や山畑が放棄され荒れ果てたのか、考えるとゾッとします。

被害が出始めた初期の頃の対策は簡単でした。イノシシも「ウブ」で、田んぼの周りに散髪屋さんでもらってきた髪の毛をまくことで、ヒトのにおいを嫌ってか侵入を防ぐことができたのです。それに慣れてしまってからは、田んぼの

筆者（田中康弘撮影）

狩猟の詳しいことはＨＰ「アカメの国」
http://www1.ocn.ne.jp/~akame/で情報発信中です。

周りをトタンや防御ネットの柵で徹底的に囲いました。さらに夜、妻と花火を鳴らして柵の周りを歩きました。トラクタ、軽トラ、ラジオなど総動員して一晩中エンジンをかけ、ライトをつけ、ウインカーを光らせ、ラジオのボリュームを最大にして防ごうとしました。それでもダメでした。だんだんイノシシの個体数が増え、ヒトとの付き合いに馴れてくると、どんな対策をたてて防御しても防ぎきれなくなってくるのです。

苦労した棚田が、一夜にして全面倒伏。イノシシのヌタ場と化してしまいました。

「まっこと、これがたまるか！　あいつらあ、ぶちころしちゃる」

血圧上昇、額の青筋はブチブチと音をたて、怒髪天を衝き堪忍袋の緒が切れ、とうとう反撃に出ました。あまりの被害に業を煮やして狩猟免許をとったのが、十数年前のことでした。

反撃に出て本当によかったと思います。捕獲すると、被害が目に見えて減ります。そのうえおいしい肉が手に入ります。一番よかったのは精神衛生面です。やられっぱなしのときには悶々鬱々と暗い日々でしたが、反撃を始めてからは頭上の重石が外れたような感じです。気が楽になり、夫婦げんかの回数は減り、頭部の毛の抜けるスピードさえ落ちた気がします。

狩猟免許は、「ワナ猟」を取得しました。鉄砲も考えましたが、これは一人ではなかなか難しい猟だと思います。ワナ猟ですと攻めるも守るも自分の都合でできます。免許の取得や所持も簡単です。もちろん、一朝一夕で簡単に獲物は獲れません。初心者のうちは失敗が続きます。それでも失敗に学んでいると、必ず獲れるようになります。今ではイノシシやシカはくくりワナで、ハクビシンやタヌキは箱ワナで、狙った獲物をかなりの確率で捕まえられるようになりました。

ただし、リスクも伴います。私のように大型獣を生きたまま捕まえて処理するやり方は、とても危ないこともありますので、はじめは先輩によく教えてもらうことが肝心です。また獲れたら獲れたで、処理に時間も手間もかかります。

いまでは、保健所の許可を取り、イノシシ、シカの肉を販売するプロの猟師です。

（高知県安芸市）

食べ散らかしたミカンの皮と、箱ワナで捕獲した犯人のハクビシン。ハクビシンの捕獲については40ページからの記事を参照

①畑への進入ルートで獲る
畑のエサを目指して、毎日のように利用する獣道はワナの定番設置ポイント

ここが肝心
ワナの設置

文・まとめ＝阿部豪、編集部

ワナを仕掛けるには
コツがあるんです

㈱野生鳥獣対策連携センター
阿部 豪さん

「柵」と「捕獲」をセットで獣害対策

農地や集落を野生動物から守りたいと思ったら、その周りを柵で囲うのは誰もが真っ先に思いつく方法ですよね。確かに柵で囲えば動物は簡単に中には入れないので、少なからず効果はあります。でも残念ながら万全とは言えません。

野外にネズミ一匹入れないような柵を設置するのは非現実的ですし、川や道路など完全に封鎖できない箇所もあります。とくに、みなさんが丹精込めてつくった四季折々のおいしい農作物は、野生動物にとっても非常に魅力的な食べ物です。動物たちは何とかして柵の中に侵入しようと必死に頑張りますし、動物の数が増えれば当然、柵が突破されるリスクも高まります。

こうした柵の問題点を補う重要な手

段が「捕獲」です。捕獲によって動物の数を減らすことができれば、被害が発生するリスクを低く抑えることができます。また、柵沿いに歩く動物の習性を利用すれば、動物の移動ルートを特定しやすくなるので効率よく捕獲することができます。獣害対策を効果的に進めるには、「柵」と「捕獲」をセットで行なうことが大切なのです。

動物を捕獲するには、ワナを用いる方法と銃器を用いる方法があります。捕獲の目的が、農地や集落に出没する動物の除去であれば、購入や保管、使用に関わる制限が少ないワナのほうがお手軽です。編

動物を獲るためのワナは
大きく分けて4種類。それぞれ、
しくみや仕掛け方が全然違います

モグラやネズミに 筒型ワナ

地面や土の中をちょこまかと走り回るモグラやネズミなど、小型動物の捕獲におススメです。筒型はモグラが生活するトンネルそのものの形だし、ネズミも体が何かに触れていることを好む習性があるので、どちらも筒の中には意外と簡単に入ります。動物が筒に入ったあとはフタをして閉じ込めたり、穴に落として逃げられなくしたりするしかけです。

(12ページ参照)

イノシシやシカに くくりワナ

イノシシやシカなどの比較的大きな動物を獲るのに向くワナです。獣道に輪っか状のワイヤーを仕掛け、通る動物が輪っかの中を踏むとワイヤーが瞬時に絞られ足をくくります。ワナ一つあたりの価格が安く、軽量なので、広い範囲にたくさん仕掛けたいときに便利です。動物の不意をついて捕まえるので、周りの環境に馴染むように仕掛けるのがコツですが、人が誤って踏んでしまったり、捕獲した動物が暴れて人がケガをしたりしないように十分な配慮が必要です。

(20ページ参照)

中型獣から
大型獣に

箱ワナ

いろんなサイズのワナがあり、ハクビシンやアライグマなどの中型動物からイノシシやシカなどの大型動物まで、幅広い動物種を対象に捕獲ができます。ワナの中にエサを入れておき、おびき寄せられた動物が中に入ったら扉を閉めて閉じ込めるしくみです。捕獲した動物は檻の中にいて隔てられているので、処理をするときなども比較的安全に作業ができます。重量のある大型動物用のワナには、移動に便利な組み立て式もあります。

(34ページ参照)

サルやシカに

囲いワナ

ワナの中にエサで動物を誘い込むしくみは箱ワナと同じですが、天井部は開放しています。大きいワナでサルやシカ、イノシシなど集団生活をする動物を一気にまとめて獲ることができますが、捕獲した動物が天井から逃げ出さないように、側面の壁を高くしたり、壁の上部を内側に折り曲げたりするなどの工夫が必要です。また、樹上生活が得意なサルは開放した天井部からワナの中に入るため、扉のない囲いワナを使います。

(52ページ参照)

くくりワナ・箱ワナ・囲いワナの設置には免許や許可が必要です（詳しくは62ページをご参照ください）

せっかくワナを仕掛けたのに、
全然獲れないんだよ。
コツを教えてくれよ

Q ワナのエサに見向きもしないのはなぜ?

収穫期より前なら獲れる

**畑を柵で囲ってから
柵の外で獲るのもよい**

箱ワナ・囲いワナは、エサの魅力が最高になるよう工夫を

農作物に被害が発生する収穫期にワナを設置していませんか？　収穫期は農作物が一番魅力的なエサになってしまうため、ワナの中のエサには見向きもしないことが多いんです。捕獲は収穫期を迎えるより前に開始するか、もしくは被害に遭う作物をしっかりと柵で防御した上で、柵の外側にワナを設置することが重要です。

Q 動物がワナをよけているようだぞ？

ワナが見えないよう丁寧に隠す

くくりワナは見えないように

ワナを仕掛けたまま何週間、何カ月もそのままにしていませんか？　放っておくと、雨や風にさらされてワイヤーやバネが土から出てしまうことがあります。こまめに点検をして、いつでも獲れる状態を保つことが重要です。

1頭のメスが毎年4頭ずつ子どもを産み、その子ども（メスだけ）がさらに4頭ずつの子どもを産む…

たとえば
イノシシの場合…

- 生後1年半で性成熟する（妊娠・出産ができる）
- 毎年、妊娠。平均4頭の子を産む

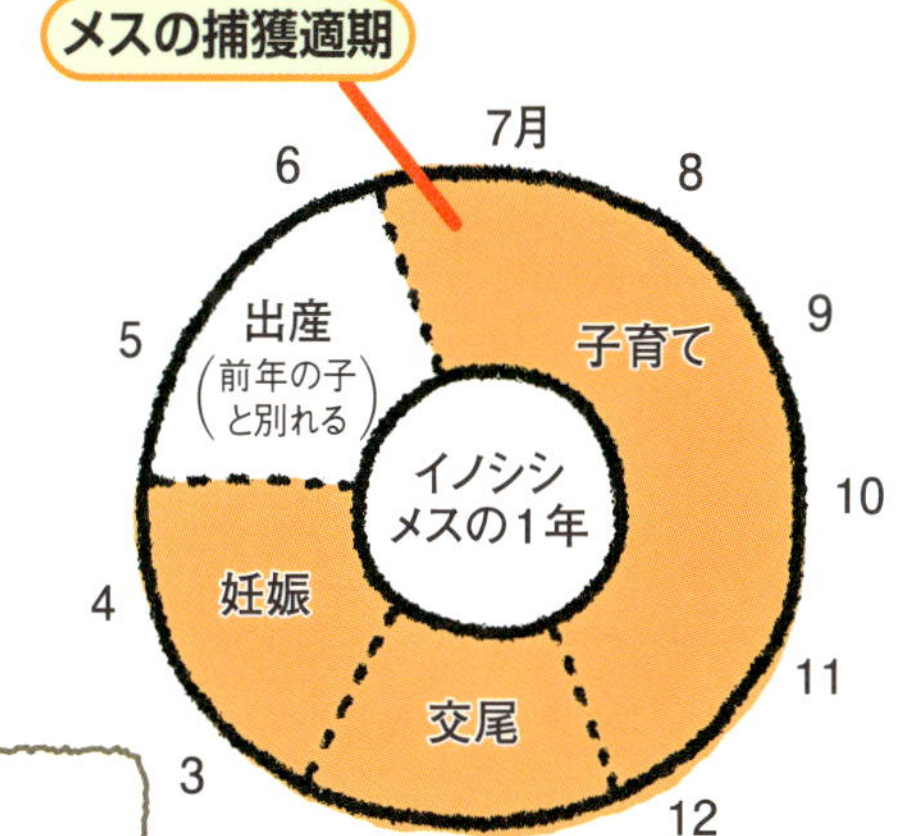

大人のメスを獲るには

1頭のメスが一生のうちに残す子供の数はたくさんいます。数を増やさないためには、妊娠・出産ができる大人（成獣）のメスを獲ることが効果的です。メスは出産前後になるとあまり動き回らなくなるので、出産時期を除く期間に捕獲しましょう。とくに、授乳期の6～7月初旬と野外のエサが不足する11～翌2月が狙い目です。

落とし穴式筒型ワナを考えた中村巖さん

モグラ
ネズミに
筒型ワナ

DVDでもっとわかる

モグラもネズミもポイポイ捕れる

落とし穴式筒型ワナ

新潟・中村巖さん

モグラを捕らなきゃネズミ害も減らない

一〇年前に自分で考えてつくったワナが今でも畑で大活躍。今年は畑に仕掛けてから半月の間に、モグラ三匹、ネズミ三匹を次々に捕獲した。それ以降はヤツらはまったく現れず、「今年はもう捕りつくしたんでねぇかなぁ」とちょっと寂しい気もする中村巖さんだ。

家族六人分の野菜を夫婦でつくる中村さんにとって、かつてモグラやネズミは大敵だった。モグラは苗を植えた途端に畑に現れ、土の中にトンネルを掘って根っこを浮かして枯らす。ネズミは収穫直前のイモやニンジンなど土の中で太る野菜をガリガリかじって食べる。「大きなジャガイモができたなーと思って喜んで

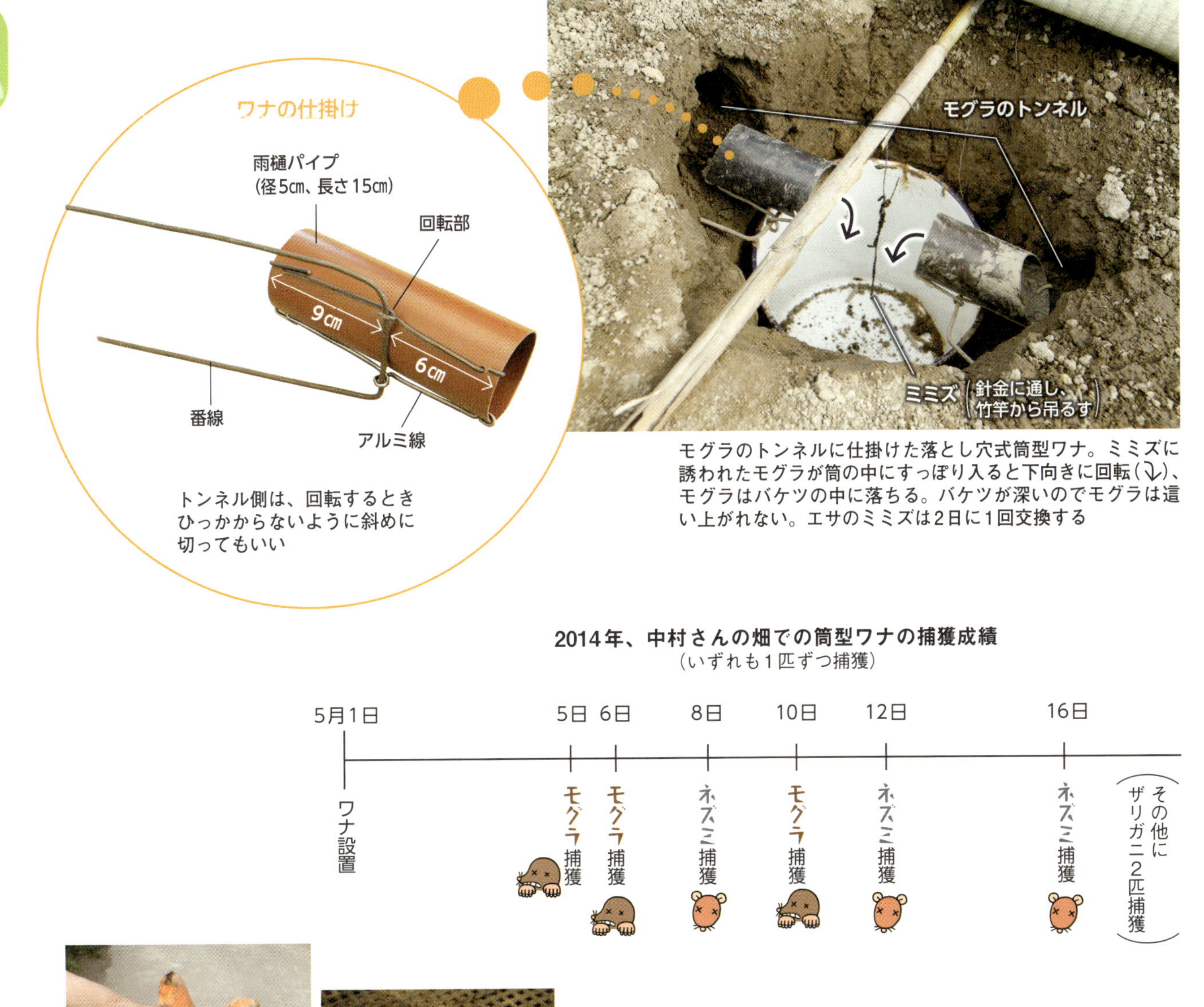

モグラのトンネルに仕掛けた落とし穴式筒型ワナ。ミミズに誘われたモグラが筒の中にすっぽり入ると下向きに回転(⤵)、モグラはバケツの中に落ちる。バケツが深いのでモグラは這い上がれない。エサのミミズは2日に1回交換する

ネズミにかじられた
ジャガイモとニンジン

拾うと、下の半分がネズミにかじられてなくなってるんだわ。こんちくしょう！　必ず抑えてやるわっと思ったね」。

中村さんによれば、ネズミの被害はモグラとセットで拡大する。ネズミはモグラのトンネルを利用して畑の中をあちらこちらに移動する。トンネルを使えば天敵の目にさらされることなく安心しておいしい野菜にありつけるからだ。ネズミ害を減らすには、まずモグラを捕らなければならない。

そこで中村さんが考えたのが、この落とし穴式筒型ワナ。モグラごときに金を使うのはもったいないと、材料はすべて廃品を利用。畑で試しながら何度も改良を重ねて、ようやくこの形にたどり着いた。

クルリと回転、次々落ちる

このワナの一番の特徴は、モグラのトンネルの延長に仕掛けた筒が回転することだ。モグラは、トンネルが続いているつもりで筒に進入。体が筒の中にすっぽり納まると、見計らったかのように筒がクルリと回転、深く埋めたバケツの中にあえなく落下する。

絶妙な回転のタイミングは、「回転部」の位置に秘密がある。筒の半分よりやや前方についていて、ここより前にモ

モグラの習性

（提供：岩佐真宏）

食べもの
- 大好物はミミズや昆虫の幼虫など
- １日に体重の半分のエサを食べ、水をがぶ飲み

繁 殖
- 春に出産、３～６匹の子を産む
- 子は５～６月には親元を離れる
- 寿命は３～４年

行 動
- スコップのような大きな手が外側に向き、平泳ぎをするように土を掻く
- 視力はほぼなく、地上に出てくることはあまりない
- ４時間おきに巣とエサ場を行き来し、寝たり食べたりを繰り返す

グラが踏み出さないと回らないのだ。もしこれが筒の真ん中についていたら、モグラのお尻が納まりきらないうちに筒が回転を始め、モグラはバックして逃げてしまう。

そんな様子をイメージしながらつくったら、仕掛けた途端、立て続けに三匹も捕れた。

嬉しかったのは、同じワナでネズミまで捕れたことだ。ある日、いつものようにバケツの中を確認したら、ネズミが落ちていた。どうやらモグラのトンネルを通ってきたネズミも、同じ仕掛けで落ちたらしい。ザリガニなどが入ることもある。回転する筒は、モグラのトンネルを使うあらゆる動物を一匹残らず捕まえる強力な仕掛けなのだ。

ワナは畑のアゼ際にできたトンネルに仕掛ける（⇩）。アゼ際は畑の中（エサ場）と外（巣や水飲み場など）とをつなぐ「幹線道路」を見つけやすい

アゼ際の「幹線道路」に仕掛ける

筒型ワナでモグラやネズミをよりたくさん捕るために、中村さんは仕掛ける場所にも工夫している。おすすめは、畑のアゼ際にできたトンネル。

アゼ際のトンネルは、モグラにとって大事な「幹線道路」なのだ。ミミズがたくさんいる畑の中と、巣や水飲み場がある外とをつなぐトンネルで、一日に何度も往復する生活に欠かせない道路。ミミズを探して歩き回った畑の中の一時的なトンネルとは違い、アゼにできた幹線道路はがっちり固い頑丈なつくり。ここにワナを仕掛ければ、モグラがたくさん捕れる。

仕掛ける時期は、夏野菜の苗を植え付ける春のみ。たいてい五月の連休前に仕掛けてモグラやネズミを数匹ずつ捕ると、今年同様一カ月ほどでピタリと捕れなくなる。

秋は、冬野菜の苗がモグラに枯らされるようならワナを仕掛けるが、大した被害にはならないことが多い。

中村さんの作った筒型ワナ、「これは効果があったわねぇ」と奥さんもニッコリだ。 編簡単！ よく捕れる！

筒型モグラ捕りワナ

モグラ捕り器は、市販品もいろいろある。でも、仕組みが簡単な筒型ワナなら誰でも安く手づくりできるし、よく捕れる。各地の農家がつくった筒型モグラ捕りワナをご紹介。

竹製筒型ワナ 茨城・松沼憲治さん

ハウスキュウリで根を切られる被害に困っていた松沼さんが製作。竹のほかに、塩ビ管、ポリパイプなども使って同様のワナを７組つくり、ハウスへの出入り口になっているモグラのトンネルに仕掛けたところ、１年で20匹以上捕れた。

＊2008年５月号「２年で43匹退治！私の手作りモグラ捕り器」

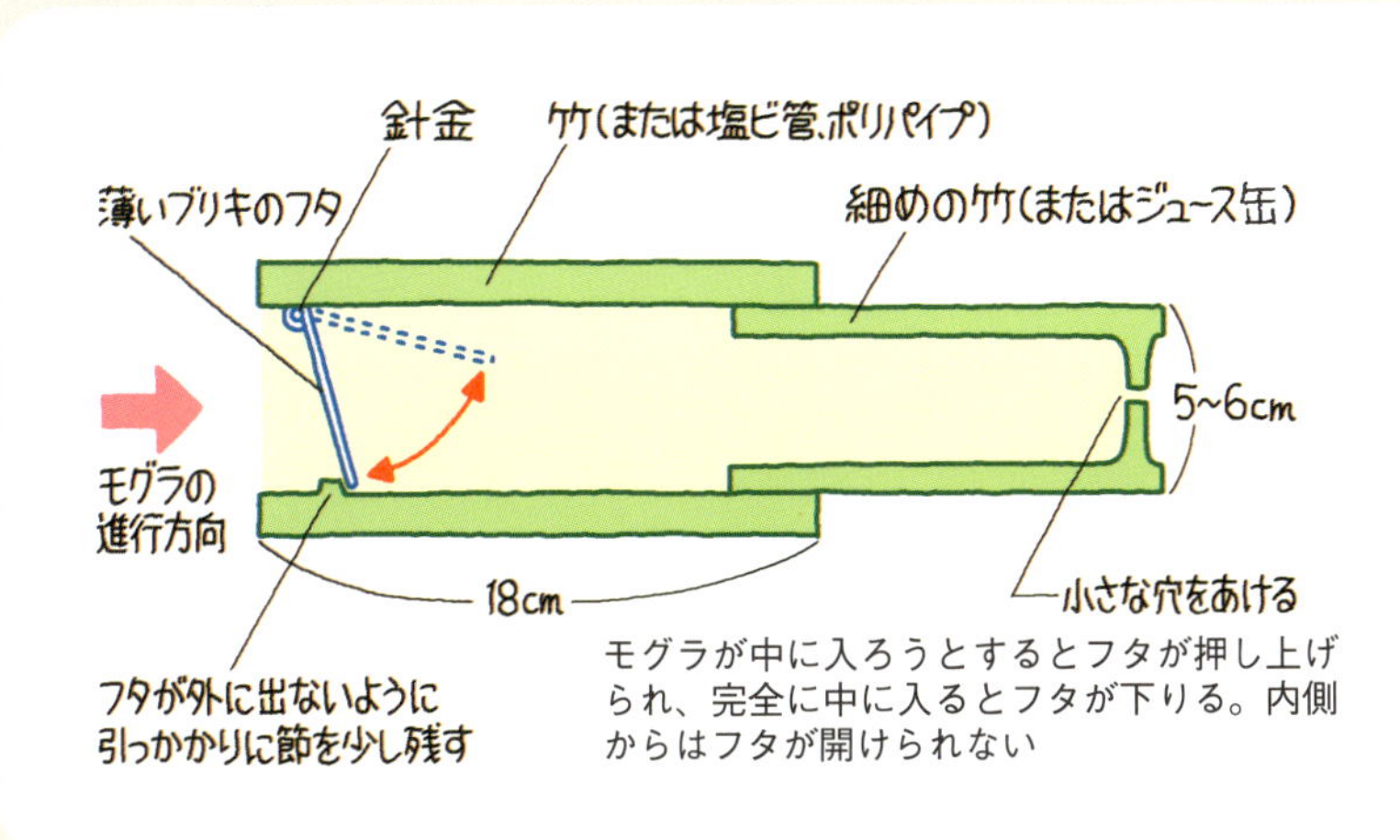

竹製筒型ワナを持つ松沼憲治さん

塩ビパイプワナ 静岡・小田文善さん

このワナは、地面にポッカリと開いているモグラ穴に差し込んで使う。穴の角度に沿って出口側３分の１が地上に出るくらいに軽く差し込むだけでOK。まったく捕れない穴も多いが、捕れる穴に当たると一晩で捕れることも。５本で年間50匹以上捕れたそうだ。

＊2011年４月号「うちのモグラトラップ」

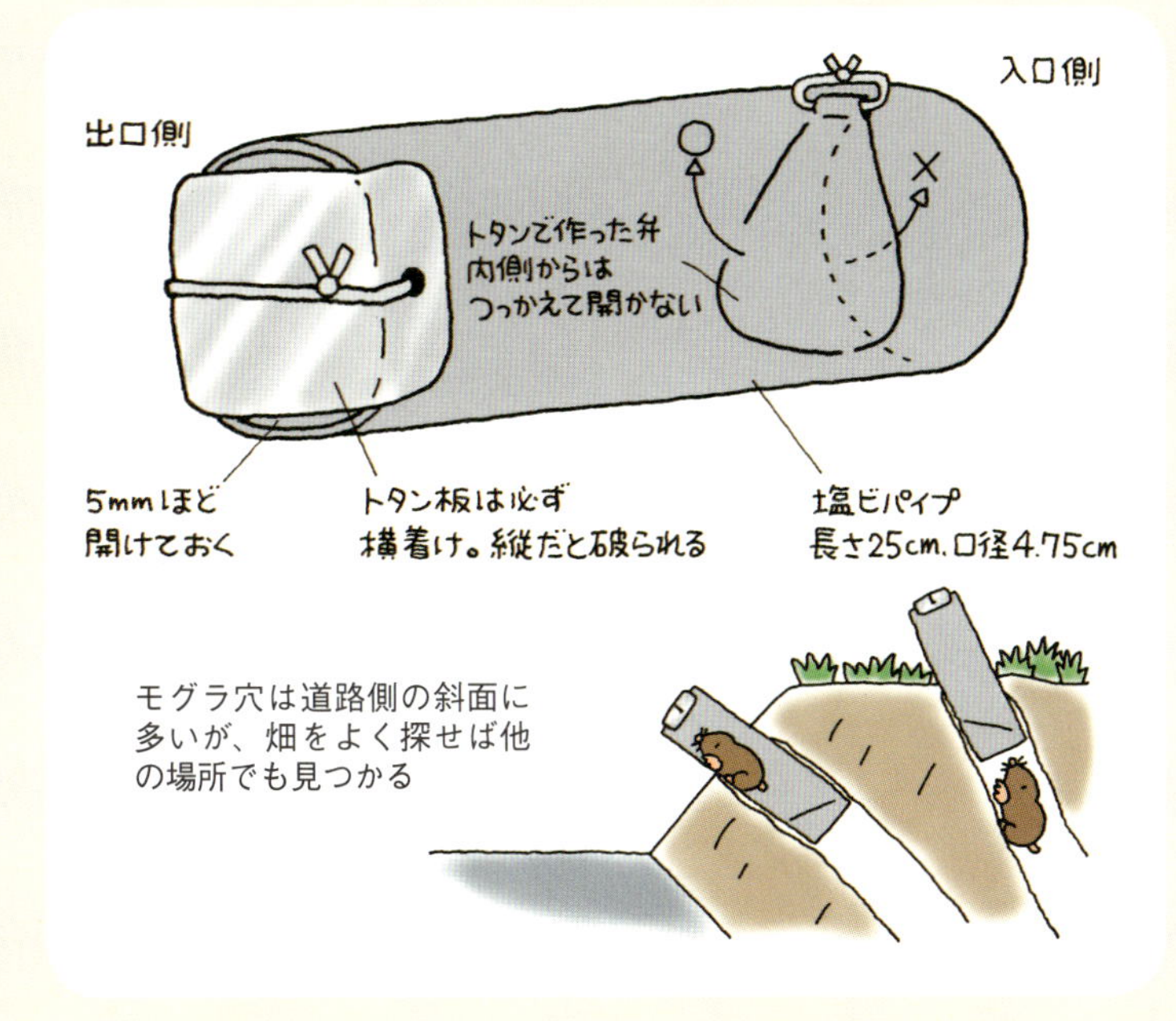

両方向式筒型ワナ 新潟・中村 巖さん

12ページの中村さんが、落とし穴式筒型ワナを開発する前につくったワナ。モグラのトンネルに仕掛けると、どちらから来てもモグラは筒に入ることができ、入ったら最後、二度と出られなくなる。何匹か捕ったが、落とし穴式筒型ワナのほうが捕れるので、現在は使っていない。

ひとつで５匹捕れた！

塩ビパイプのネズミ捕り

福島・永井野果樹生産組合

土手際に仕掛けたワナ。100ｍに３基設置

ワナの入り口。塩ビパイプの上にワラを被せ、濡れないようにさらにビニール（肥料袋）をかけている。ネズミが入りやすいよう、塩ビパイプは土にピッタリつけて入り口に段差ができないようにする

塩ビパイプの落とし穴式ワナと、捕れたネズミ（矢印）を見せる永井野果樹生産組合の星次男さん（赤松富仁撮影）

リンゴ園のネズミ、被害激減

エサのない冬、幼木の皮や根をかじるネズミにリンゴ農家は悩まされる。近年、再び被害が増えてきていた永井野果樹生産組合では、二〇年以上前に使ってものすごく効果のあった落とし穴式ワナを思い出して使ってみた。塩ビパイプでつくる簡単なワナだ。結果はご覧のとおり。ひとつで五匹捕れているものがあり、三つで合計七匹捕れていた！

パイプと乾いたワラに寄りやすい!?

仕掛ける時期はいつでもいいが、イネ刈りがすんで材料のワラがとれてから雪が降るまでの間がベスト。春、雪がとけ始めた頃にパイプを掘り出すと捕れていることが多いという。場所は苗木のそばと土手。人が動くとネズミは土手に逃げるようで、土手に近いほうに多めに仕掛けている。

ネズミは、穴があるとなぜか中に入ろうとする習性がある。そこにワラをかぶせてビニールもかけると、なお寄りやすいという。ビニールだけではダメ、ワラが濡れていても入らない。乾いたワラに巣をつくるせいではないかという。編

＊二〇一〇年十二月号「塩ビパイプのネズミ捕り」

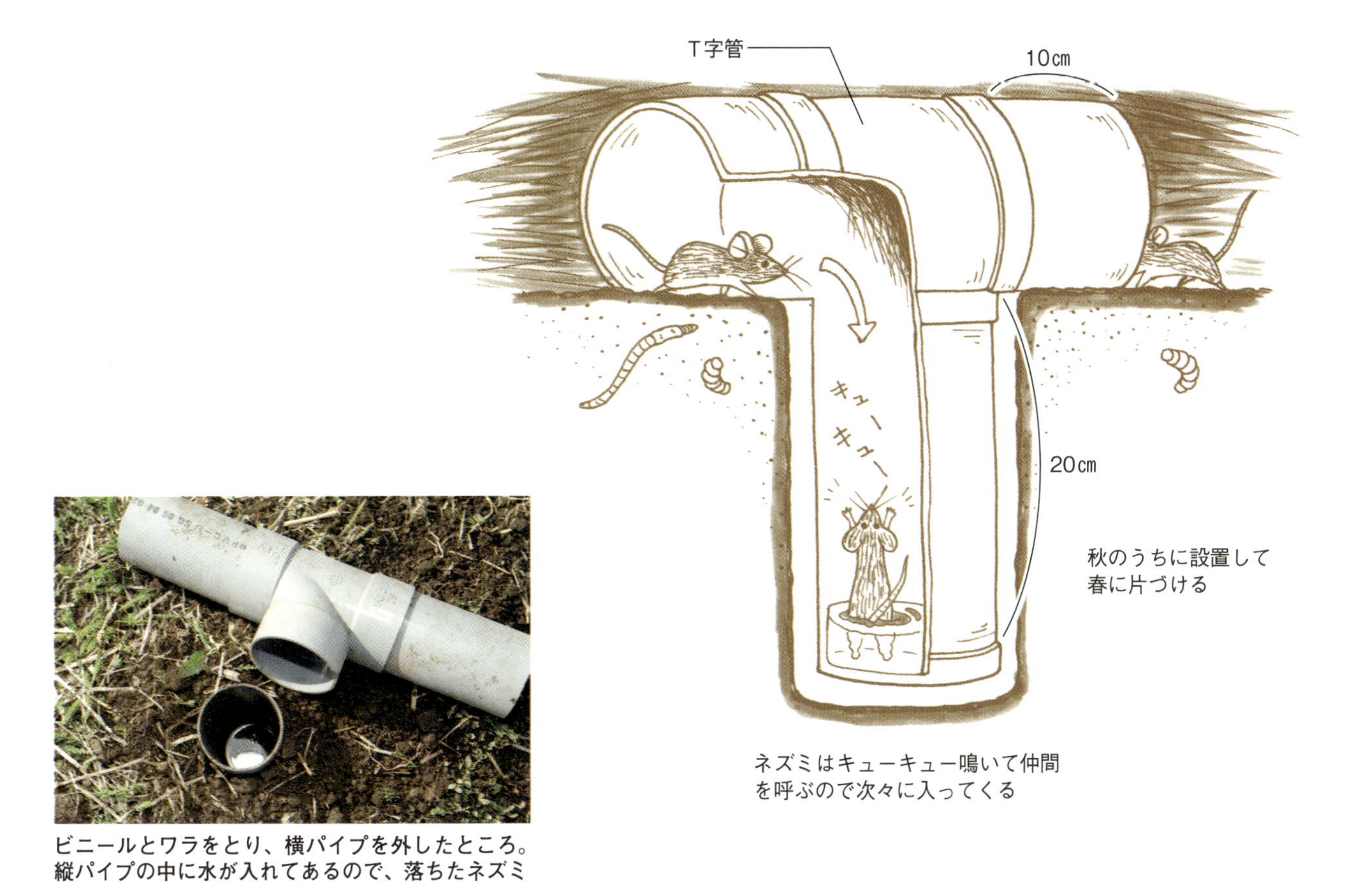

ビニールとワラをとり、横パイプを外したところ。縦パイプの中に水が入れてあるので、落ちたネズミは出られずに息絶える

ネズミの習性

食べもの

- 苗、果樹の根や樹皮などをかじるのは、おもにハタネズミ
- イモ類やイチゴをかじるのは、おもにハツカネズミ

繁殖

- 繁殖力はとにかく旺盛。ハタネズミは出産直後に交尾し、授乳と同時に妊娠ができる。妊娠期間約21日で一度に平均で４匹出産。生まれた子も１カ月半ほどで交尾を始める

行動

- 巣をつくり、集団でなわばりを持っている
- 体の一部を壁際などにつけて移動するのが好きなので、モグラの穴をよく利用する。地表を移動する場合には，枯れ草の下や自分の背が隠れる草の下を選んで移動する
- 同じところを通るのが好き（通路が一定している）
- 夜間に活動する
- １カ所で食べ続けず、あちこち食べ散らかすクセがある

畑のウネに開いたネズミの穴。モグラのトンネルにつながる

ハタネズミ
体長約10㎝

（提供：岩佐真宏）

古タイヤ誘殺ワナ

福島・永井野果樹生産組合

16ページの星さんたちは、さらに手軽なワナも使っている。リンゴの木の下に、古タイヤを置くだけ。ネズミは暗いところへ入ろうとする習性があるため、こうすると勝手にネズミが穴を掘ってタイヤの下に入ってくるそう。そこへ毒エサを置いておけば、ネズミは次々とお陀仏……というわけだ。

リンゴの木の根元に置いた古タイヤ誘殺ワナ

タイヤの脇にネズミが掘った穴。ここを通ってタイヤの下に入っていく

あちこち開いた穴（矢印）に殺鼠剤をまぶしたエサを置いておけば、勝手にネズミがやってきて食べていく。これだけで被害なしの年もあるほど効果大

水ガメ式捕獲法

三重・三輪泰さん

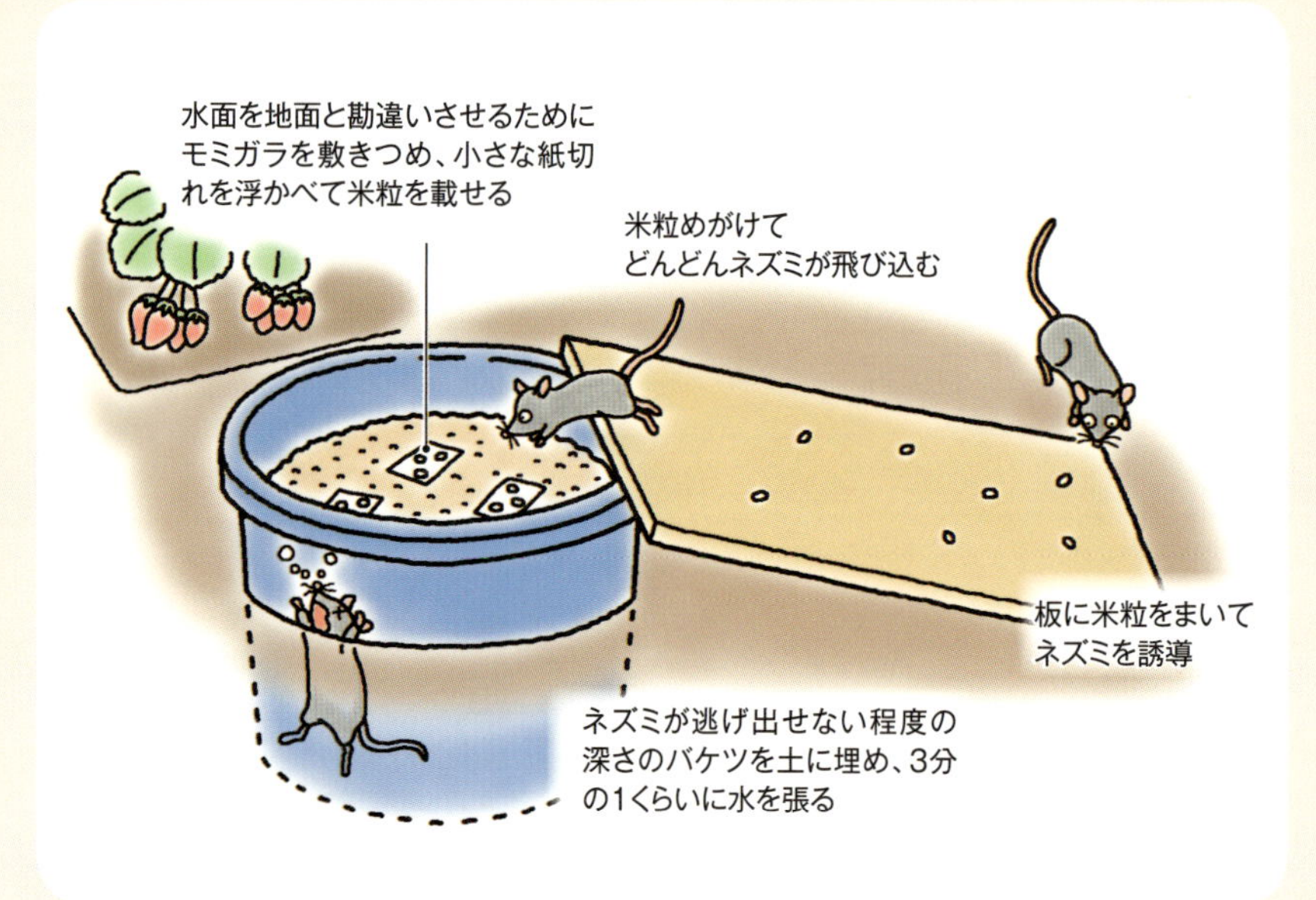

水面を地面と勘違いさせるためにモミガラを敷きつめ、小さな紙切れを浮かべて米粒を載せる
米粒めがけてどんどんネズミが飛び込む
板に米粒をまいてネズミを誘導
ネズミが逃げ出せない程度の深さのバケツを土に埋め、3分の1くらいに水を張る

収穫間際のイチゴをネズミに食べられて困っていた三輪さん。畑の肥えだめにネズミが何匹も落ちているのを見て思いついたのが、この水ガメ式捕獲法だ。ネズミのよく出る場所にバケツを埋めて水を張り、板を渡すだけの簡単な仕掛け。水面にモミガラを敷き詰めて地面のように見せかけ、米粒で誘導する。おもしろいほどネズミが捕れ、イチゴの被害も減ったそう。

＊2009年5月号「三輪泰さんVSネズミ」

斜め落とし穴

長野・宮坂勝章さん

「塩ビパイプを斜めに刺しておくとネズミがよく捕れる」と聞いた宮坂さん。根や芽を食べられて困っていたアスパラ畑に仕掛けてみると、たしかによく捕れてほとんど被害がなくなった。仕掛けたのは、畑の隅にあるネズミが出入りする小さな穴の近く。15aの畑に5～6カ所設置しているそうだ。

＊2012年11月号「宮坂勝章さんVSネズミ」

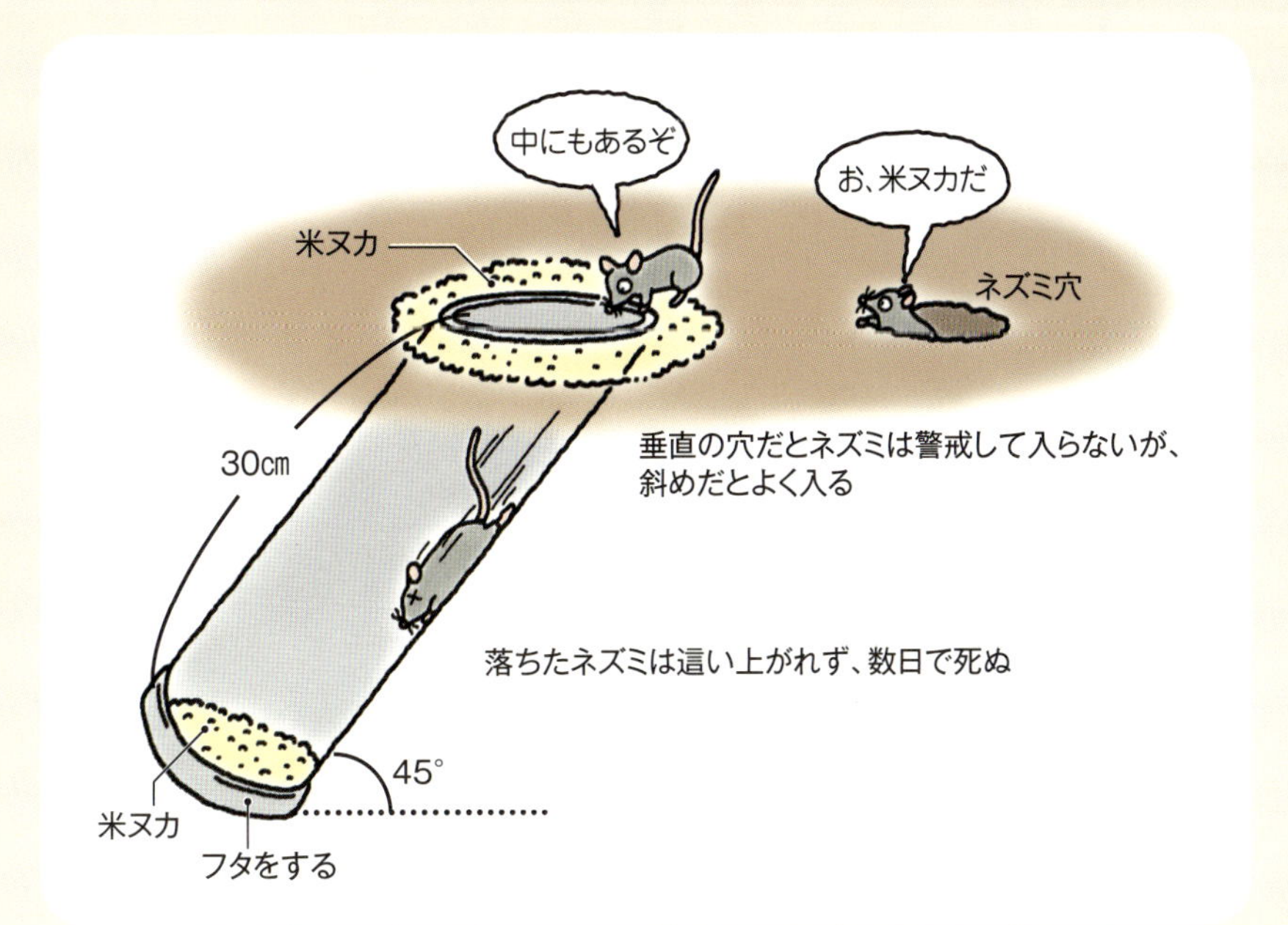

こんな手もある

ネズミがたくさん捕れるワナ

改良型「千匹捕り」

青森県りんご協会

青森県のリンゴ農家の間で大人気のワナが、青森県りんご協会がつくった改良型「千匹捕り」。置くだけで一度に何匹も捕獲でき、入ったら二度と逃げられない。出入りの盛んなネズミ穴に入口を向けてセットし、鳥の目を避けるためにコンテナを被せておくと、ネズミが安心して次々入ってくる。一度に20匹以上入った報告もあるそうだ。

＊2008年9月号「逃げられない改良型『千匹捕り』」

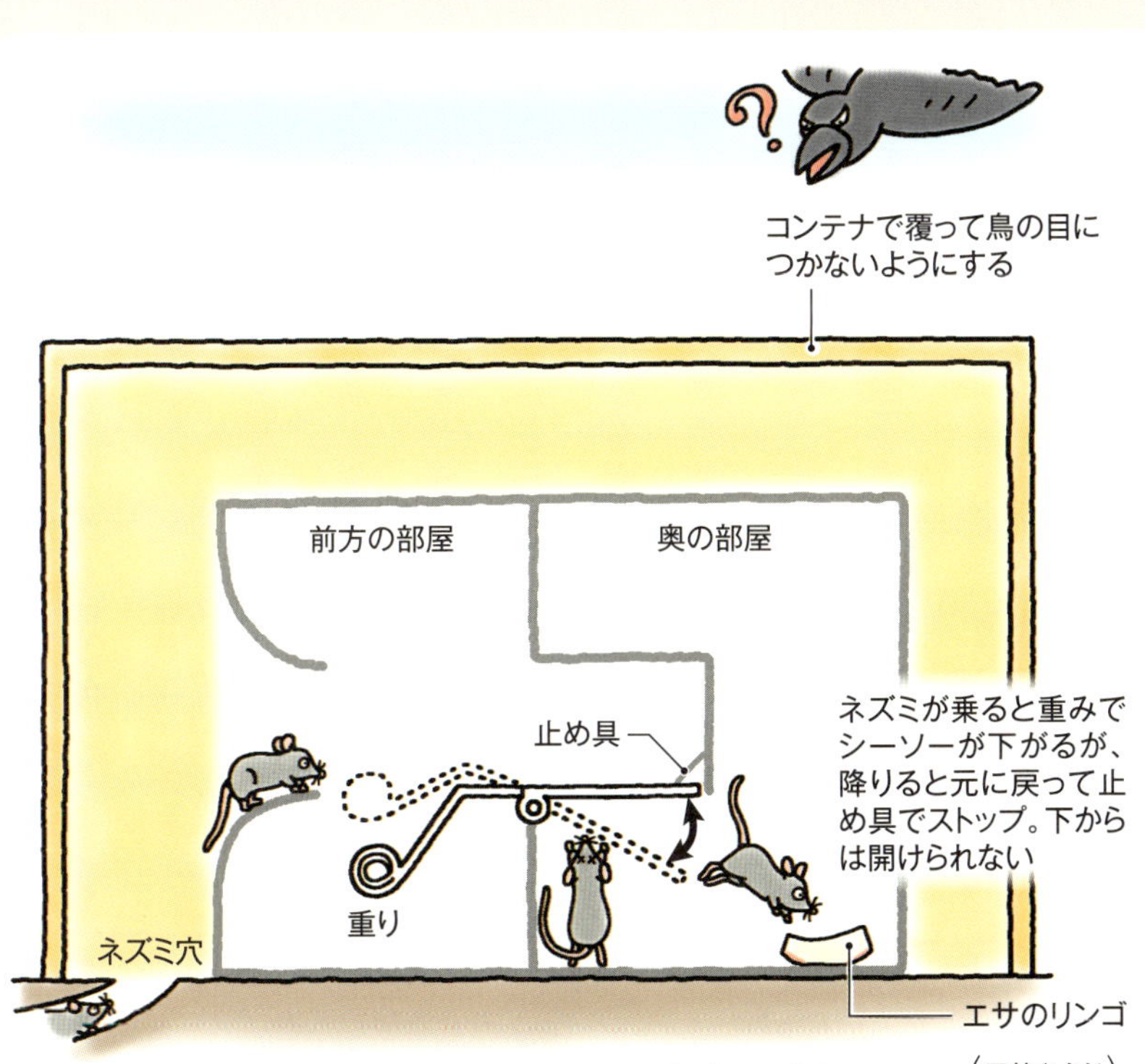

改良型「千匹捕り」。価格4010円（税込）
問い合わせ先：青森県りんご協会
TEL0172-27-6006

イノシシ シカに くくりワナ

くくりワナ（押しバネ式）にかかったシカ
（写真はすべて田中康弘撮影）

動物の心を読んで

くくりワナで確実に獲る

大分・**矢野哲郎**

筆者

エキサイティング！動物との心理戦

農園レストランのオーナーであり、農家であり、林業家である私は、大物狙いのワナ猟師でもあります。しかし私は、農林業への被害を防ぐために狩猟（有害鳥獣捕獲含む）をしているわけではありません。大きなイノシシやシカを獲ること自体がエキサイティングで楽しいからやっているのです。結果として農林業被害を防いだり、レストランの食材になったり、さらには捕獲報奨金で経済的に少し潤ったりはしていますが、それらはあくまで副産物でしかありません。

狩猟の中でもワナ猟、とくにくくりワナが決定的におもしろいのは、動物との知恵比べができることです。くくりワナ

ねじりバネ式

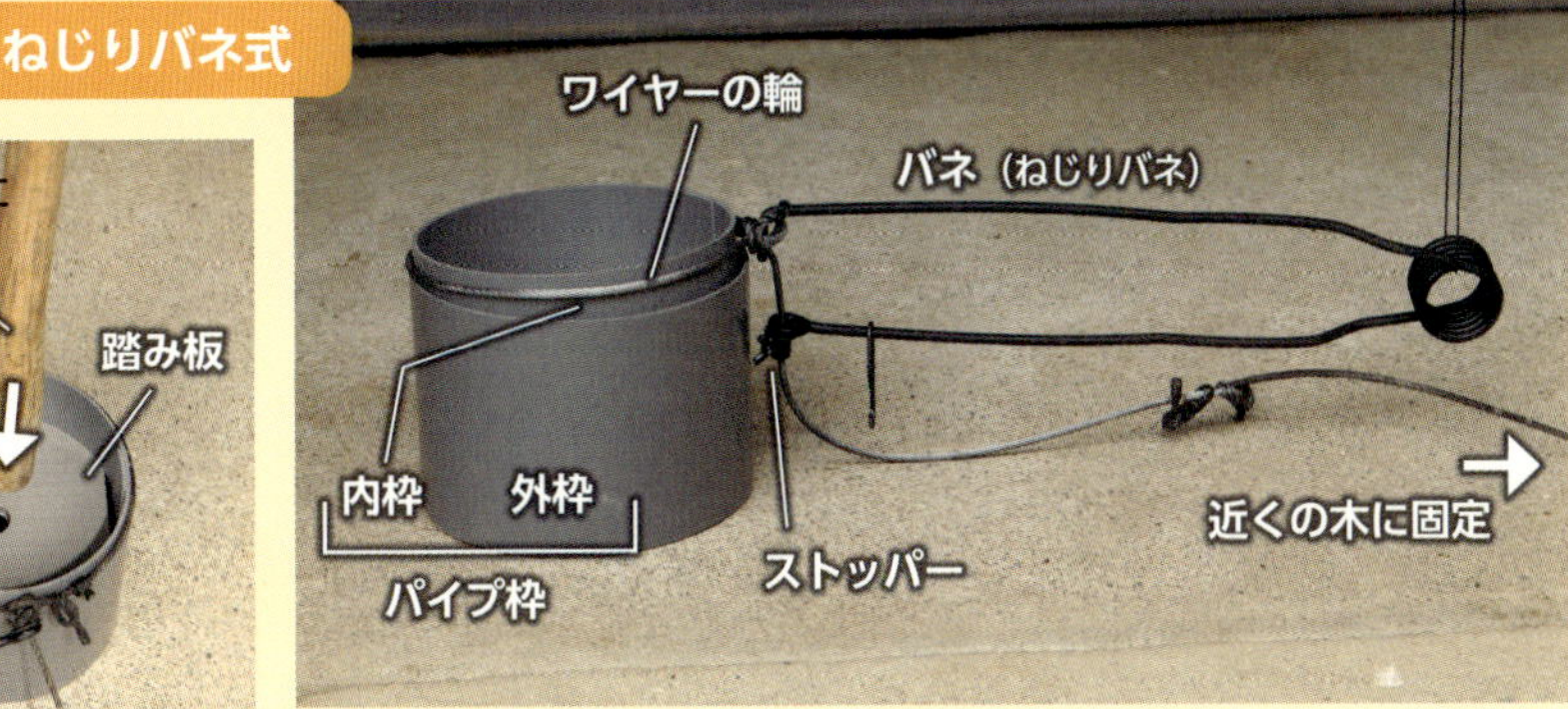

二重構造のパイプ枠の内枠にワイヤーの輪をセットし、バネを縮めてストッパーで固定。ワイヤーの端を近くの木などに固定して使う。構造が簡単で、初心者から上級者まで使える。筆者もよく使う

動物が踏み板を踏み込むと…

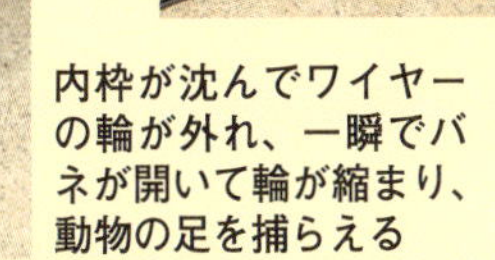

内枠が沈んでワイヤーの輪が外れ、一瞬でバネが開いて輪が縮まり、動物の足を捕らえる

バネはこれくらい大きく開く。設置のときに誤って弾くと危険なので十分注意する

押しバネ式

細いパイプの中にバネが押し込まれ、ワイヤーの輪とつながっている。二重構造のパイプ枠はねじりバネ式と同じ

動物が踏み板を踏み込んでワイヤーの輪が外れると、細いパイプの中のバネが一瞬で伸びて輪が縮まる

※このほかに、伸びたバネが縮もうとする力を利用する「引きバネ式」も使う（25ページ参照）

は、ワイヤーの輪を獣道に設置し、そこを動物が通ったとき（輪の中を踏み込んだとき）に作動して瞬時に足をくくるものです。

動物がどこから現われ、どんな目的でその場所を通過し、どこへ何をするために移動するのか、さらにその途中ではどこに足を置くのか……。これが予測できれば獲れたも同然。相手の心理を深く読みとり、行動を予測して適切に設置。くくりワナ猟はこれに尽きます。

必ず獲れる仕掛けのポイント

それでは、畑の周りにくくりワナを仕掛けるときのポイントをご紹介します。

①ワナは収穫期前に仕掛ける

まずは仕掛けるタイミングです。たとえばクリ園に続く獣道に明らかにイノシシが通った跡があっても、クリの収穫が終わった後であれば、そこではイノシシは獲れません。なぜならもうそこには出てこないからです。

同じように、シイタケのホダ場に続く獣道にシカの足あとがあっても、シイタケの収穫が終わった後ではシカをワナに掛けることはできません。ワナの設置は、動物による被害が出る前に済ませておくことが必要です。

今回使うのはねじりバネ式。パイプ枠がすっぽり入るくらいの穴と、脇にバネがタテ向きに置ける分の穴を掘って埋める

バネが倒れないよう、小枝で軽く固定

設置するポイントは、見通しのいい獣道。動物が身を隠せず、急いで通るのでワナに気づきにくい

仕掛け方のコツ

タテ向きに埋めたのでバネが開いたときのくくり位置が高くなり、動物の足を逃さず捕らえられる

②獣道を遮る枝や根に注目

次にワナを仕掛ける場所を選びます。畑の周りをよく観察してください。何本もの獣道があるはずです。その獣道を辿っていくと、「動物が必ず足を置くところ」があります。そこがワナの設置場所となるのです。

もう少し具体的に述べましょう。獣道の途中には朽ちた木の枝や小枝などが道を遮っていたりします。大きな木の根が盛り上がって獣道を横切っているかもしれません。このように獣道に障害物があるところが目の付けどころです。

イノシシやシカは、障害物を避けて足を運びます。つまり「障害物をまたいで足を置く」ことになります。その着地点にくくりワナを仕掛けておけば、見事に獲れるのです。

もうひとつ、どんなにいい場所でも、日常的に点検ができるところでなければワナの管理はできません。設置場所はできるだけ畑の近くで探すことも大事なポイントです。

ここまでできれば、イノシシの捕獲は難しいことではありません。あちらこちら試しているうちに一、二頭は獲れるでしょうから、それだけでも被害はグッと減ります。また動物を捕獲できたことから自信と意欲（猟欲）が強くなり、次なる捕獲のエネルギーとなるはずです。

イノシシの心を読んでみる

では、最後に動物の心理を読むトレーニングをしましょう。イノシシはどんなところでワナに掛かるのでしょうか。ワナ猟を始めてからこの三〇年間でおよそ二〇〇〇頭のイノシシやシカを捕獲した私の経験からいうと、それは「足元に油断して歩くところ」です。読者の皆さんも、イノシシの気持ちになって考えてみてください。次の三つのことに着目すると答えが見つけやすいと思います。

元通りに隠す

ワナの上に落ち葉や掘ったときの草を軽くかけ、できるだけ設置前の状態に近づけるようにして隠す（矢印の場所にワナを仕掛けた）

前後に棒を置く

パイプ枠とバネを設置したら、獣道上のワナの前後に棒を置く。動物は障害物があると必ずまたぐので、ワナを踏む確率が高くなる。ワナを仕掛ける前に狙ったポイントに棒を置いてみて、何度かまたがせて足あとの位置を確認してから仕掛けると、さらに捕獲率は上がる

ワイヤーの端は近くの木に固定

獲り逃がし防止棒

さらに結んだワイヤーの先に棒をくくりつけておく。こうすると、たとえ動物が暴れて木が引き抜かれ、結び目が抜けてしまったとしても、棒がどこかに引っかかるので獲り逃がさずにすむ

ア、藪の中と見通しのいいところでは、どちらが周りに気をつけて歩くか
イ、頻繁に使う獣道とあまり使わない獣道では、変化に気づきやすいのはどちらか
ウ、畑に入るときと帰るときでは、どちらが気が緩むか

いかがでしょう。イノシシが足元に油断し、ワナに掛かりやすい場所、答えは「まれに通る見通しのいい帰りの獣道」です。

周りから自分の姿が見えるところは早く通り抜けたいでしょう。すると慌てて通るためワナに気づかずに掛かりやすいのです。

また、よく使う獣道にワナを仕掛けると、いつもとは様子が違うことに気づきやすいのでしょう。器用にワナを避けて通ります。

畑から帰るときのほうがワナに掛かりやすいのは、お腹もいっぱいで気が緩んでいるせいだと思います。

このように一つ一つイノシシがなぜそのような行動をとるのか、それに対してあなたが合理的な説明をすることができるようになると、捕獲実績は急速に向上します。

（大分県佐伯市）

＊二〇一四年八月号「心を読んでワナをかければ、イノシシはもっと獲れる」

ひねたイノシシを獲る

大分・**矢野哲郎**

引きバネ式のワナを仕掛けた場所。ワナは林道など開けたところに出る手前に仕掛ける。筆者が指すのは斜面についた獣道（田中康弘撮影）

気づかれないように丁寧に仕掛けたくくりワナでも、なかには察知してしまう狡猾なイノシシもいる。たいていは長く生き延びてきた大イノシシだ。そんな「ひねたイノシシ」でも獲れるくくりワナがあると矢野さんはいう。

一〇〇kg超級には穴を掘らない引きバネ式がいい

一〇〇kgを超える大イノシシに気づかれるワナは、ほとんどがバネやワイヤーなどの仕掛けを地中に埋め込む押しバネ式や踏み板式のくくりワナです。理由はわかりませんが、なぜか掛かりにくいのです。

私が一〇〇kg超級のイノシシを捕獲したのは、足をくくる輪っかを獣道に敷き、チンチロを作動させるためのケイト（蹴糸）を空中に張った引きバネ式のくくりワナ（左ページ図）でした。この作動方式のワナは、獣道に穴を掘る必要がありません。

ワナの心臓部はチンチロと呼ばれる仕掛けです。チンチロの構造は小さな力で大きな力を支えている点に特徴があります。わずかな力でチンチロが外れると、引き伸ばしておいたバネの大きな力が解放。一気に縮んでワイヤーを引き絞ります。

ケイトは高めに張り、気長に待つ

チンチロは、イノシシの背がケイトに当たって引っ張られることで作動します。大イノシシを獲るのに大事なのはケイトの高さです。およそ六〇cmにしてください。

大イノシシは数も少なく、年に一、二回しかその獣道を通らないのです。ケイトが低ければ数の多い小動物や小さなイノシシが頻繁にワナを作動させてしまい、肝心の大イノシシが来たときにはワナが空作動した後だったという状況が起きてしまいます。だからケイトを高く張って、滅多に通らない大イノシシを気長に狙ってください。

私は一年半作動しなかったワナで一三〇kgの大イノシシを獲ったことがあります。最近のワナはバネがステンレスでできているため、一年半経っても確実に作動します。

竹串で輪を地面から浮き上がらせる

バネがワイヤーを引くためには八kg以上の張力が必要です。長く伸びても引く力が弱ければ動物の足を捕らえることができません。作動開始直後の素早い絞り込みが捕獲率を左右します。私は最大伸長一・五mまで伸ばしたときに約八kgの張力があるバネを使っています。

ワイヤーの輪は大きいほうが掛かりやすいですが、地域によって輪の直径には規制があります（詳しくはお住まいの都道府県・市町村にお問い合わせください）。

地面に敷いた輪がまず最初に一〇cmほど上方に浮き上がり、それから四五度の角度で斜め上方に引き絞られれば、ほぼ完璧にイノシシの足をくくることができます。最初に一〇cm浮かせることが捕獲率を大きく左右します。そのためには滑車の位置を高めにしたうえで輪の内側に竹串を立てて、その長さだけ最初に輪が浮き上がるようにすればいいのです。

意外に空作動も少なく、おすすめのワナです。実際に試作品をつくって自分で試行錯誤しながら理解を深めてください。

（**大分県佐伯市**）

＊二〇一四年九月号「ひねたイノシシを獲る」

筆者の引きバネ式くくりワナのしくみ

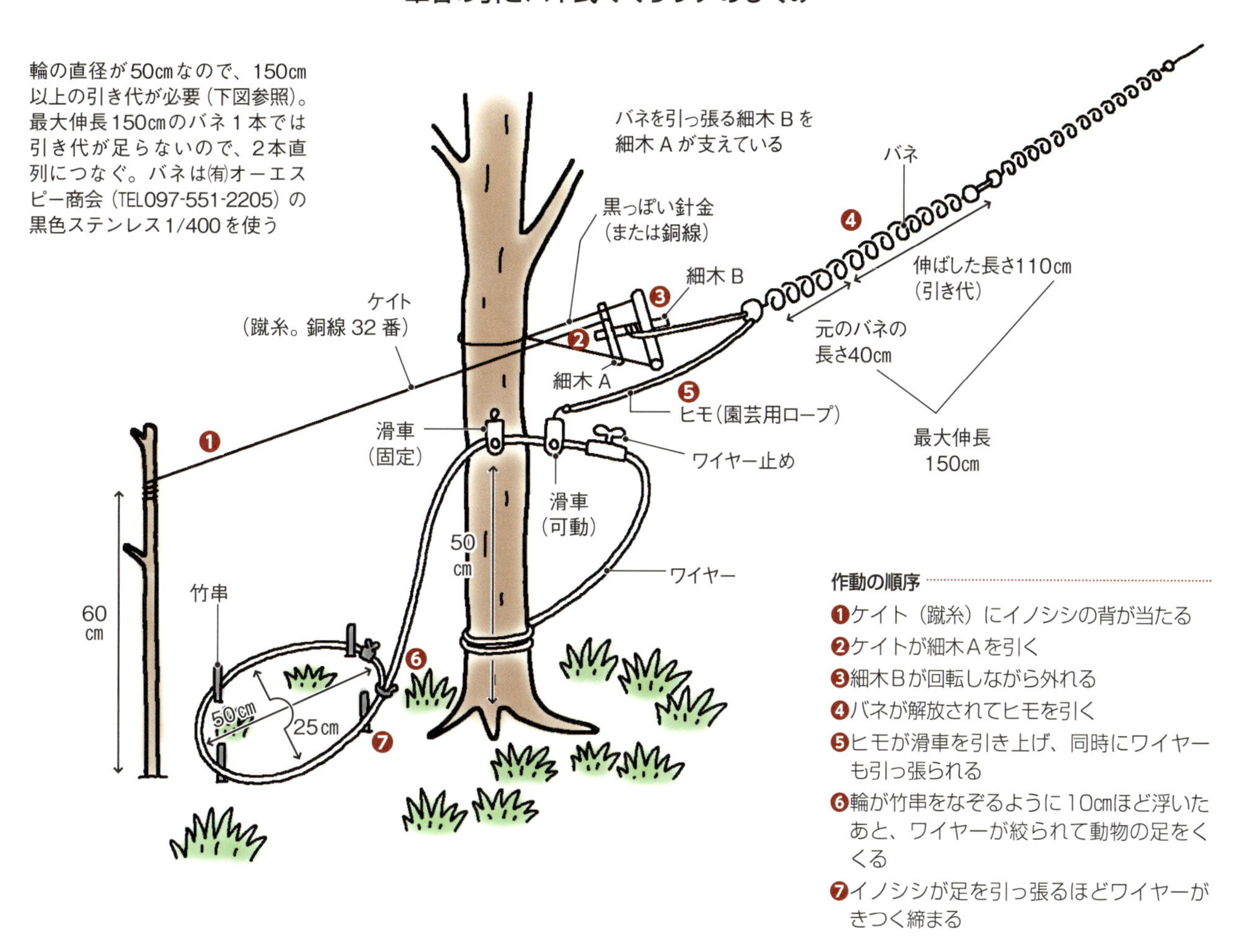

作動の順序

❶ケイト（蹴糸）にイノシシの背が当たる
❷ケイトが細木Aを引く
❸細木Bが回転しながら外れる
❹バネが解放されてヒモを引く
❺ヒモが滑車を引き上げ、同時にワイヤーも引っ張られる
❻輪が竹串をなぞるように10㎝ほど浮いたあと、ワイヤーが絞られて動物の足をくくる
❼イノシシが足を引っ張るほどワイヤーがきつく締まる

押しバネ式の引きバネ式違いと必要なバネの長さ

押しバネ式は、縮めたバネが伸びる力でワイヤーの輪を絞る。だから輪を最後まで絞るためには、輪の円周よりも長い伸び代が必要。直径12㎝の輪なら円周は約36㎝。余裕をもって50㎝くらいあったほうがいい。

いっぽう引きバネ式は、伸ばしたバネが縮む力でワイヤーの輪を絞る。直径12㎝の輪なら、約50㎝の引き代が必要だ。

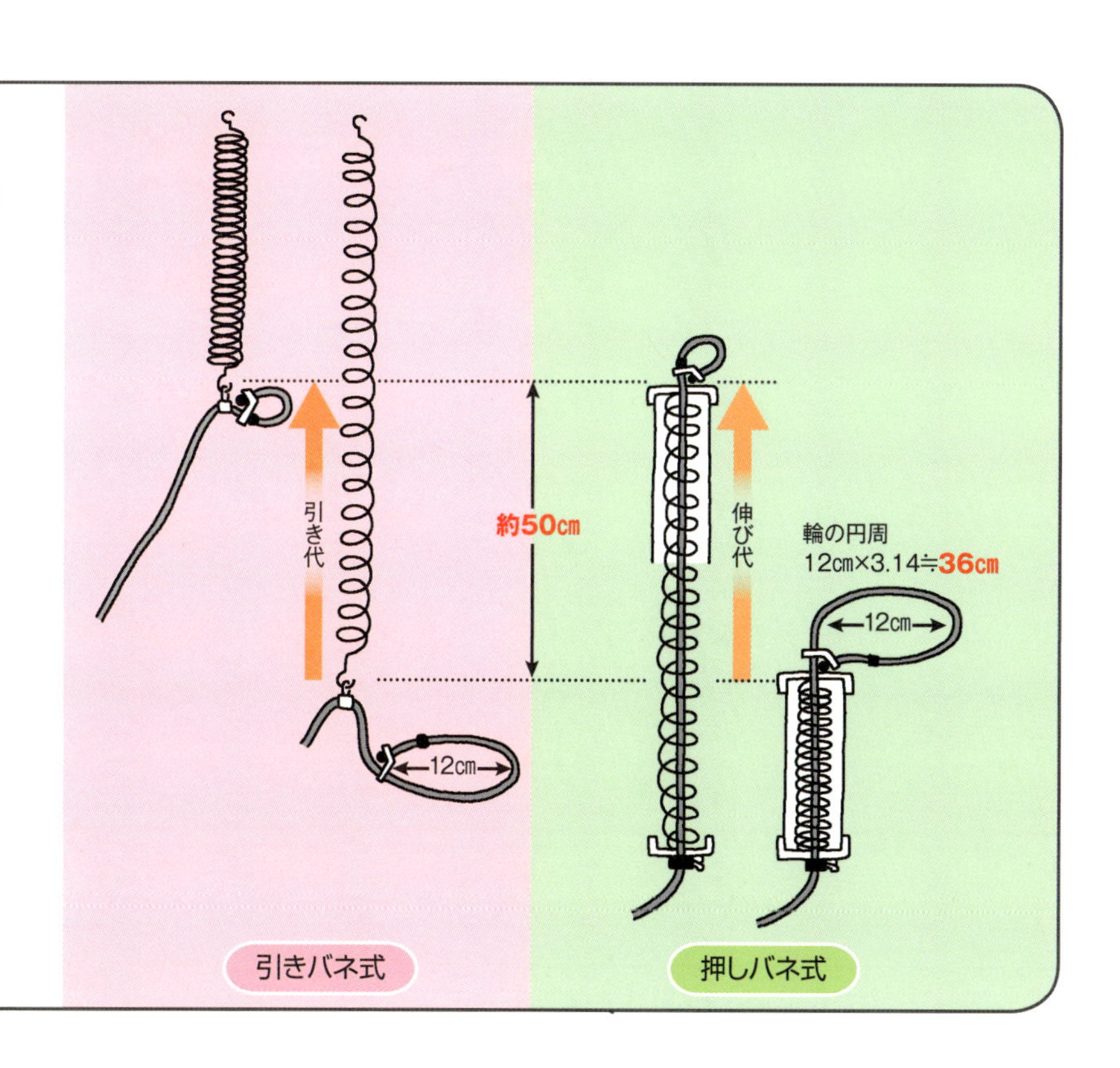

中島の神浦（こうのうら）集落近辺。ミカン畑の間に藪や竹林、荒廃園があちこち広がる

イノシシにのしかかられ、枝が折れたミカン。1本で60kg以上とれる樹が一夜にして無残な姿に

くくりワナ仕掛けまくりで年間600頭捕獲！

ミカンの島 防衛大作戦

愛媛県・中島イノシシ協議会

中島イノシシ協議会・神浦支部捕獲隊のみなさん

荒廃園の増加でイノシシ急増

松山から高速船で二〇分、周囲三一㎞の中島は、かつて「マルナカ」ブランドで知られた高級ミカン産地の島。「山のてっぺんまで全部ミカン畑」というほど盛んだったが、価格の低迷と高齢化が進むにつれて荒廃園が増加。追い打ちをかけるように増えてきたのが、イノシシ被害だった。

もともと中島には、イノシシは一頭もいなかった。ところが、二〇年ほど前から目撃情報が相次いだ。どうも本州から、瀬戸内の小さな島伝いに

くくりワナを仕掛ける金脇慶郎さん。使うのはおもに引きバネ式のくくりワナ。イノシシがワイヤーの輪の下に隠してあるケイト（蹴糸）を踏むとチンチロが外れ、バネが一瞬にしてワイヤーを引き上げて輪を絞り、イノシシの足をくくる

泳いで渡ってきたらしい。「漁船の脇を泳いどった」と証言する漁師もいる。ともかく、いつの間にやら島全土でイノシシが出没するようになってしまった。

大繁殖の原因は、エサの少ないはずの冬場においしいカンキツがたっぷりあること。しかも身を潜めるのにうってつけの荒廃園もあちこちにある。

イノシシは、十月の極早生から翌春の晩柑まで次々なるカンキツを、熟れた順に食べてしまう。しかも、首が届かない上のほうの実まで食べようと樹にのしかかるので、枝がバキバキに折れる。丹精込めて育てた稼ぎどきの樹を折られてしまうのは、経営的にも心情的にも本当に痛い。荒廃園はますます増え、イノシシもどんどん殖える悪循環に陥っていた。

島全体のイノシシ頭数を減らしてやる

もちろん、農家も黙ってやられていたわけではない。漁網からワイヤーメッシュ柵、電柵へと防護柵を進化させながら畑を守ってきた。しかし、しばらくすると必ず突破されてしまう。急傾斜地の多い畑周りの柵には、どうしても手薄になる部分があるからだ。

「被害を防ぐには、防護柵と捕獲、二本立てでやらなきゃダメだ」。そう考えたベテラン農家の金脇慶郎（よしろう）さんら数名が狩猟免許を取得。四年前、いよいよイノシシの捕獲に乗り出した。すると、その活動に刺激された若手農家らも、いっせいに狩猟免許を取得。ついには島全体の農家が力を合わせて「中島イノシシ協議会」を結成した。島内九つの支部（集落）ごとにワナを仕掛けまくって、島全体のイノシシ頭数を減らしてやろうという壮大な作戦の始まりだ。

手軽で安いくくりワナ、集落に八〇基設置

捕獲に使うのは、くくりワナ。傾斜地ばかりの島全体にくまなく仕掛けるには、手軽で値段も安いくくりワナが一番いい。

なにせ中島では、膨大な数のイノシシが季節によって島の中をあちこち移動している。藪につくる寝床を点々としながら、春はタケノコの生える竹林に通い、夏はクズの根やミミズがたくさん掘れる荒廃園に通い、秋から翌春にかけては次々熟れるカンキツに向かってせっせと通う。島全体の頭数を減らすには、それらイノシシが通う獣道を可能な限り突きとめ、多くのワナを仕掛けておく必要があるのだ。

たとえば金脇さんが所属する神浦支部では、集落内に八〇基ものくくりワナを仕掛けている。一七人の捕獲隊で手分けしつつ、イノシシの通う獣道を探してどんどんワナを仕掛けていくと、これくらいの数になってくる。

もちろん、やみくもに多く仕掛けるわけじゃない。数が多いほど見回りの手間だってかかる。イノシシが獲れる可能性の高い獣道を見極めたうえで仕掛けるのが原則だ。若手農家に仕掛け方を指導する金脇さんに、そのポイントを教えてもらった。

畑のすぐ脇の藪につくった寝屋。金脇さん曰く「イノシシは食っちゃ寝の生活」。腹いっぱいになったらすぐ休みたがる。人目につかないような場所さえあれば、畑の中でさえ寝屋をつくる

ここの寝屋は草をくり抜いてつくった洞穴状。ただ丸く穴を掘ったような場所もある

荒廃園に入っていく獣道。土の表面が乾いていないので、1日以内にイノシシが通った可能性が高い

ヌタ場近くにあった泥付け。ヌタ場で浴びた泥を木にこすりつけていく

排水溝を埋めてつくったヌタ場。イノシシは体についたダニなどを落とすため頻繁に泥浴びをする

獲れる獣道の見極め方

①畑に隣接する藪の中で探す

エサがたくさんある畑の中は、いわば最終目的地。いったん入ってしまえば、イノシシは気の向くままに食べ歩くので、獣道も乱雑になって見極めにくい。

いっぽう隣接する藪の中は、エサ場に向かったり、寝床のある山のほうに向かったりと目的地へまっすぐ続く獣道が見つけやすい。

②新鮮な痕跡がたくさんある

湿った足あとや糞、くっきり残る泥付けなど、イノシシが最近通った獣道には新鮮な痕跡が残されている。季節ごとに生活エリアが変わるイノシシが、いまはその付近にいる証拠。仕掛けてすぐ獲れる可能性が高い。

③古くからの痕跡がある

いっぽうで、最近通った痕跡はないけれど、古くからの痕跡がしっかり残った獣道もいい。泥付けを繰り返した結果、表面がツルツルになった木があるところなどはネライ目だ。

イノシシは、よっぽどのことがない限り、新しい道を開発するより古い道を何度も使いたがる。馴染んだ道のほうが安心して通れるからだ。だから最近は使っていなくても、季節が変われば必ず通る。ワナを仕掛けておけば、すぐには獲れなくとも、数カ月経ってから獲れる可能性は結構高い。

イノシシの習性

食べもの
・雑食。クリやドングリ、タケノコ、クズ、イモ類、マメ類、イネなどは大好き。地下茎や根っこを好んで掘り起こして食べるが、青草もたくさん食べる。ミミズやサワガニ、タニシ、カエルなどの動物も食べる

繁殖
・1～2月頃が繁殖期。オスがメスを求めて活発に移動する
・120日程度の妊娠期間を経て、5～6月頃に平均4頭産む
・お産に失敗したり子供を失ったメスは、秋にもう一度産むこともある

行動
・お母さんを中心とした母系グループをつくる。10頭前後の群れが多いが、ときに20～30頭の群れが目撃されることも。オスは1頭で行動していることが多い
・季節によって行動圏が変わる
・行動圏内に複数のヌタ場を持つ
・年によって出没状況に差があり、山にドングリがたくさん実る年は集落周辺に出没しにくくなる
・警戒心がとても強く、臆病。通い慣れた獣道をたどって移動する
・助走なしで1mの柵を飛び越すほどのジャンプ力。20㎝の隙間があればくぐり抜ける
・学習能力はサルなみ。記憶力もいい

点検・メンテ

メンテ前 雨でワイヤーの輪がむき出しに。ワナのすぐ脇（拳のところ）にイノシシが通った足あとがあった

メンテ後 ワイヤーを周りの落ち葉で隠し、イノシシの足あとがあった場所に小枝を刺してワナのほうを通るように誘導。これで捕獲率は上がる

「獲れそうなところを見つけたら、すぐに獲れなくてもあらかじめ仕掛けておく」と金脇さん。安くて手軽なくくりワナなら、そんな仕掛け方もできるのだ。

点検・メンテでさらに捕獲率アップ

ただし、いくら獲れそうな場所でも、仕掛けっぱなしではダメ。くくりワナは、イノシシを不意打ちで捕獲するもの。仕掛けたあとに雨が続いたりすると、土が流されてワイヤーがむき出しになってしまったりする。これではイノシシにすぐ気づかれてしまう。

だから「月に一度は現場を点検したほうがいい」と金脇さん。なぜ獲れないか考えながらチェックしてみると、ワイヤーや金具が見えていたり、設置場所が一歩分ズレていたりと課題が見えてくる。それらを改善すると、捕獲率は仕掛けたときよりもアップするのだ。

中島イノシシ協議会では、この点検も捕獲隊のメンバーで手分けしてやる。そのほか毎日の見回りには、狩猟免許を持っていないお年寄りや女性も協力する。島のみんなで力を合わせたおかげで、毎年六〇〇頭ものイノシシを捕獲。被害もだんだん減ってきた。

「今年はどうも獲れる数が少ない」と金脇さん。島全体のイノシシ頭数を減らすという壮大な作戦の成果が、いよいよ見えてきたのかもしれない。編

安全、設置がラク
初心者向き くくりワナ

北澤式くくりワナ

ダブルキック・スーパーセブン

農家であり、20年以上ワナ猟を続ける猟師でもある長野県の北澤行雄さんが開発した押しバネ式のくくりワナ。初心者や力のない人でも安全に使えるよう、バネを強くせずに捕獲の精度を上げるように工夫。バネのセットがラクで、設置の際にケガする心配も少ない。押しバネ式のくくりワナは、動物が足を踏み入れてワイヤーの輪が跳ね上がるとき、傾いてしまうものも多い。しかし、このワナはワイヤーの輪が水平状態を保ったまま跳ね上がるので、動物の足を逃がさずくくれる。

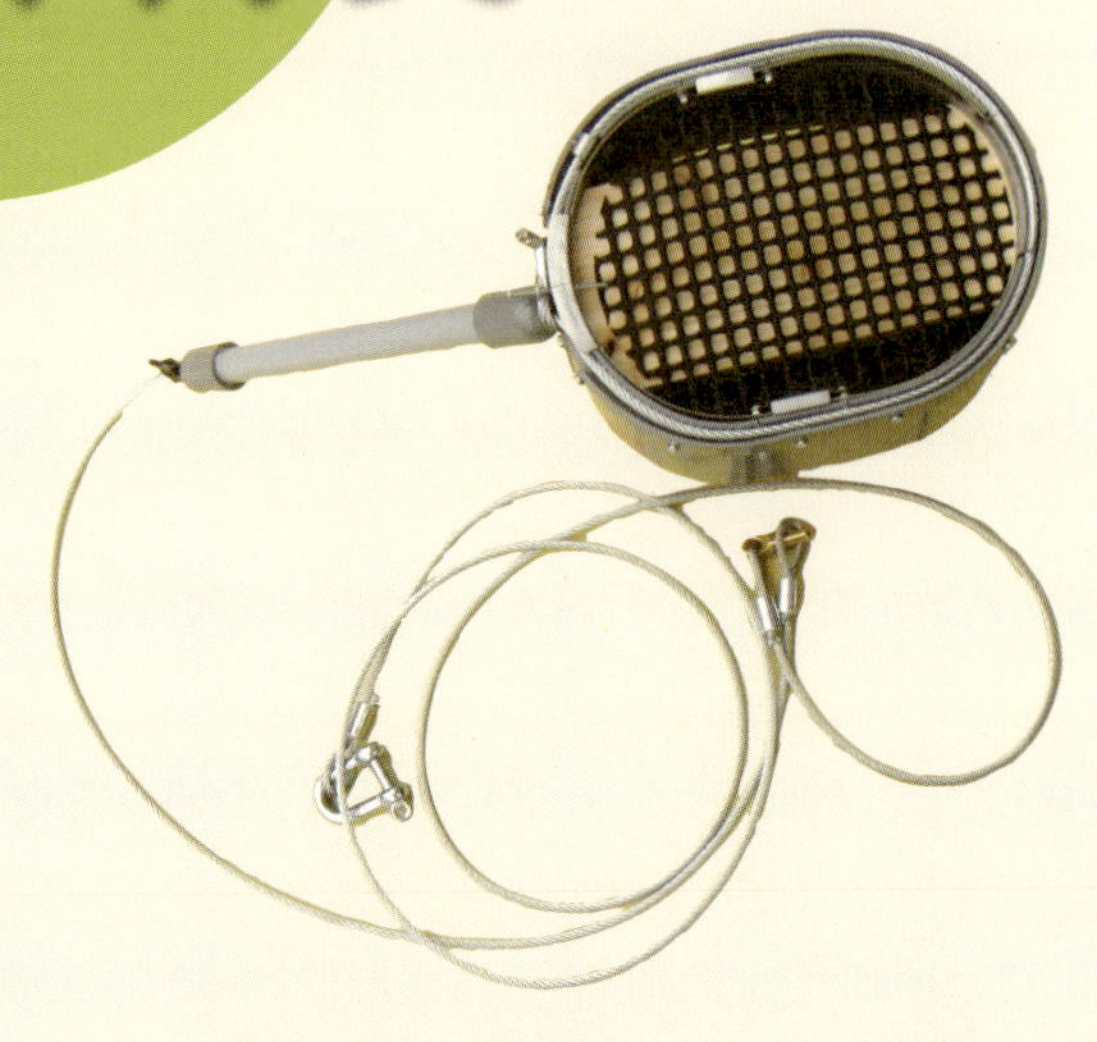

平成24年度　長野県発明協会会長賞受賞
価格15000円（税込）
問い合わせ・注文は北澤行雄 TEL026-266-2488

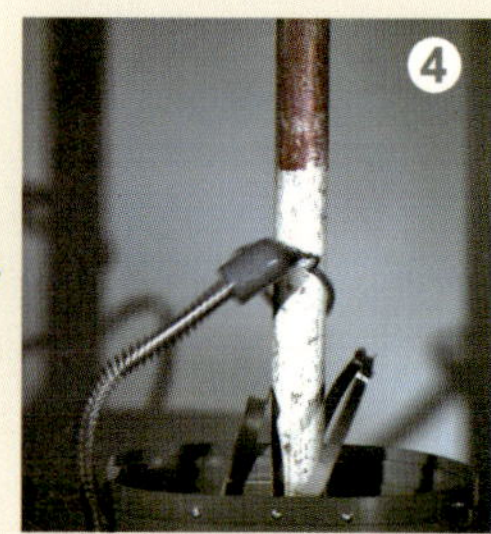

動物が足を踏み入れて輪が締まるとき、内側の２つの金具がワイヤーの動きをガイド。輪が水平に跳ね上がる

西川式くくりワナ

「わな造君」Ｎ－２型

ふだんは船の修理などを手掛ける高知県の町工場の社長・西川仁さんが開発。専用ハンドルでセットする押しバネ式で、簡単に縮められる。また踏み板が中折れ式なので、設置するときに穴を深く掘らなくてもいい。ワイヤーの輪をかける金具がガイドになって輪が締まるので、動物の足を高い位置でくくれる。

価格9000円（税別）
問い合わせ・注文は
大永造船㈱
TEL088-879-5449

専用ハンドルでワイヤーに沿って簡単にバネを縮められる

郵便はがき

おそれいりますが切手をはってお出し下さい

1078668

(受取人)
東京都港区
赤坂郵便局
私書箱第十五号

農文協
http://www.ruralnet.or.jp/
読者カード係 行

◎ このカードは当会の今後の刊行計画及び、新刊等の案内に役だたせていただきたいと思います。　はじめての方は○印を（　）

ご住所	(〒　　ー　　) TEL： FAX：
お名前	男・女　歳
E-mail：	
ご職業	公務員・会社員・自営業・自由業・主婦・農漁業・教職員(大学・短大・高校・中学・小学・他) 研究生・学生・団体職員・その他（　　）
お勤め先・学校名	日頃ご覧の新聞・雑誌名

※この葉書にお書きいただいた個人情報は、新刊案内や見本誌送付、ご注文品の配送、確認等の連絡のために使用し、その目的以外での利用はいたしません。

● ご感想をインターネット等で紹介させていただく場合がございます。ご了承下さい。

● 送料無料・農文協以外の書籍も注文できる会員制通販書店「田舎の本屋さん」入会募集中！
案内進呈します。　希望□

■毎月抽選で10名様に見本誌を1冊進呈■ (ご希望の雑誌名ひとつに○を)

①現代農業　②季刊 地 域　③うかたま

お客様コード □□□□□□□□□□

17.12

お買上げの本

■ご購入いただいた書店（　　　　　　　　書 店）

●本書についてご感想など

●今後の出版物についてのご希望など

この本をお求めの動機	広告を見て（紙・誌名）	書店で見て	書評を見て（紙・誌名）	インターネットを見て	知人・先生のすすめで	図書館で見て

◇ 新規注文書 ◇　　郵送ご希望の場合、送料をご負担いただきます。

購入希望の図書がありましたら、下記へご記入下さい。お支払いはCVS・郵便振替でお願いします。

（書名）　　（定価）¥　　（部数）　部

（書名）　　（定価）¥　　（部数）　部

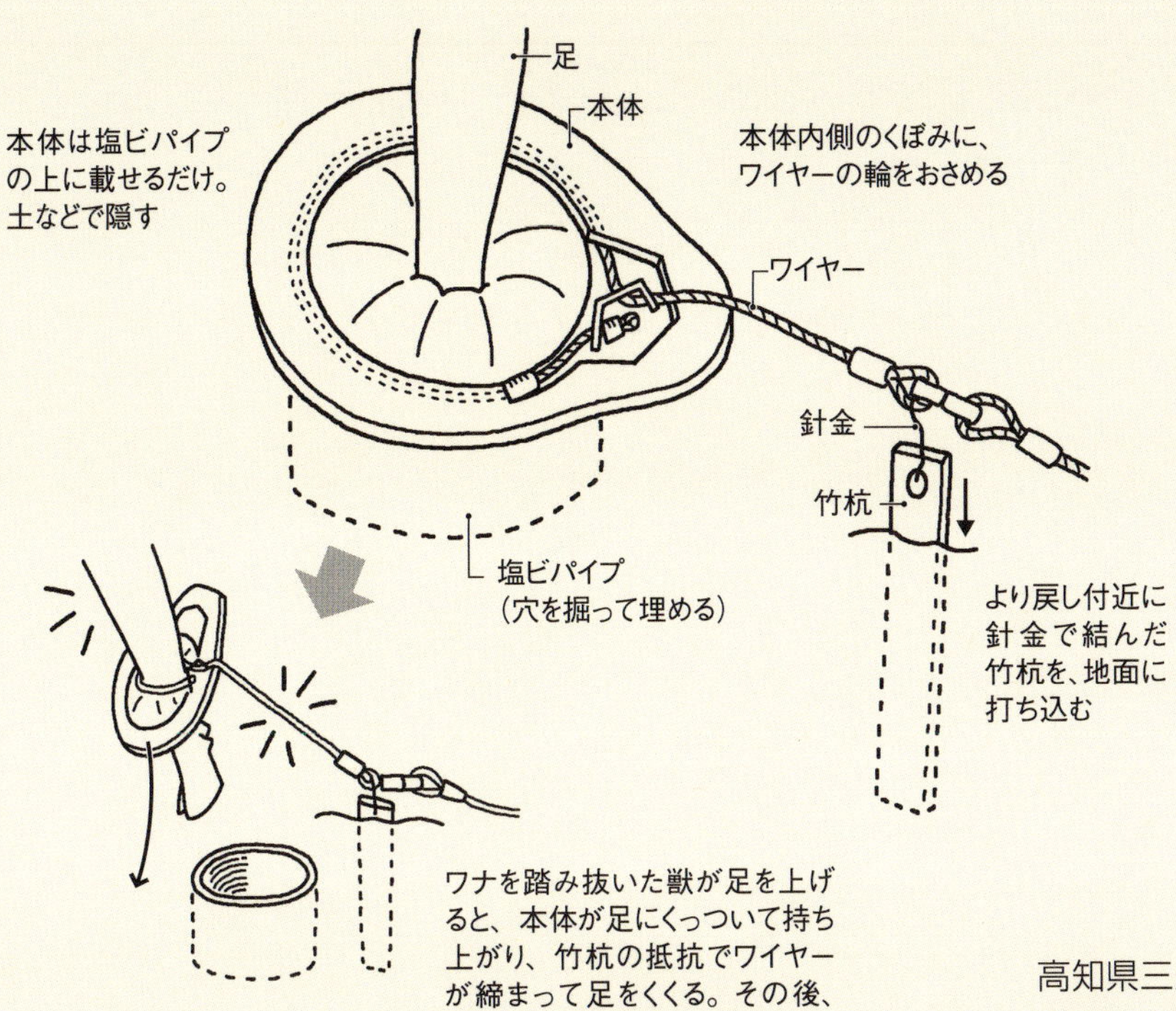

足
本体
本体は塩ビパイプの上に載せるだけ。土などで隠す
本体内側のくぼみに、ワイヤーの輪をおさめる
ワイヤー
針金
竹杭
塩ビパイプ（穴を掘って埋める）
より戻し付近に針金で結んだ竹杭を、地面に打ち込む
ワナを踏み抜いた獣が足を上げると、本体が足にくっついて持ち上がり、竹杭の抵抗でワイヤーが締まって足をくくる。その後、本体は自然に足からはずれる

＊2014年11月号「バネ不要の簡単くくりワナ」

バネ不要のくくりワナ

いのしか御用

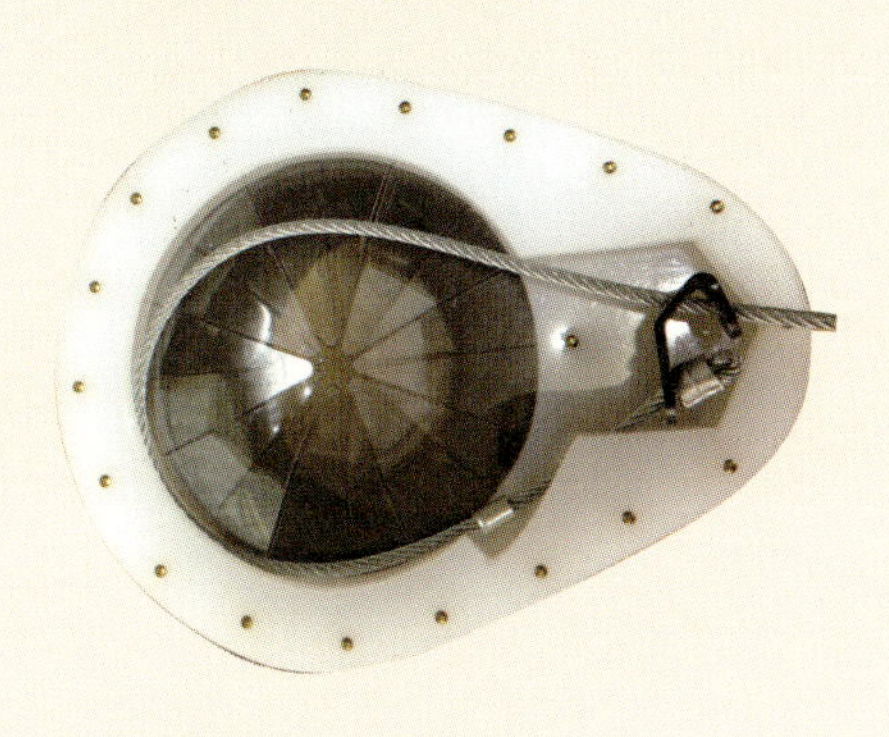

12cm全国対応サイズ
セット価格12000円（税別）
本体単品価格8000円（税別）
問い合わせ・注文は高知県森林組合連合会
TEL088-855-7050

高知県三原村森林組合の組合員で元大工の小笠原洋さんが考案。バネを使わず、ワナを踏んだ動物が足を持ち上げる力でワイヤーの輪が締まる。バネを使わないので設置が安全で簡単。本体は耐久性のある樹脂製で、何度でも使える。

くくりワナは自作できる

くくりワナは、バネやワイヤーなどの部品を組み合わせれば自分でつくれる。バネの強さや輪のサイズ、作動装置の反応具合などを実際に使いながら自分で工夫して、捕獲率の高いワナを安く自作するのも手だ。ただし、安全と動物保護の観点からいくつかの決まりごともあるので注意しよう。

ケイト（釣り糸）　銅線　チンチロ　バネ　ワイヤー（直径4㎜以上）　よりもどし　直径12cm以下　締め付け防止金具　竹串　ビニール　竹皮　落とし穴の材料

金脇慶郎さん（27ページ）の引きバネ式くくりワナの材料。バネやワイヤーなどはそれぞれ気に入ったメーカーから購入し、あとは身の回りのものを利用。材料費は3000円以下。青字は鳥獣法で決められているくくりワナの条件。輪の直径については、地域によって規制が違う場合もあるので役場で確認したほうがいい

矢野哲郎さんがつくったチンチロ（作動装置。しくみは25ページ図参照）。小枝と針金だけでつくれる（田中康弘撮影）

安全な止め刺しとは

捕獲は“ワナに掛かったら終わり”じゃない。獲物は必ず止め刺し（とどめをさす）しなければならない。パニック状態の獲物は必死に暴れるので、うかつに近づくと大ケガする危険性も高い。周辺環境や地形、自分の体力などを考慮しつつ、安全で獲物をなるべく苦しめない止め刺し方法まで考えたうえでワナを仕掛ける必要がある。

銃殺 ～銃で撃つ～

特徴・注意点

離れたところからできる
銃猟免許が必要
実施できない場所も多い

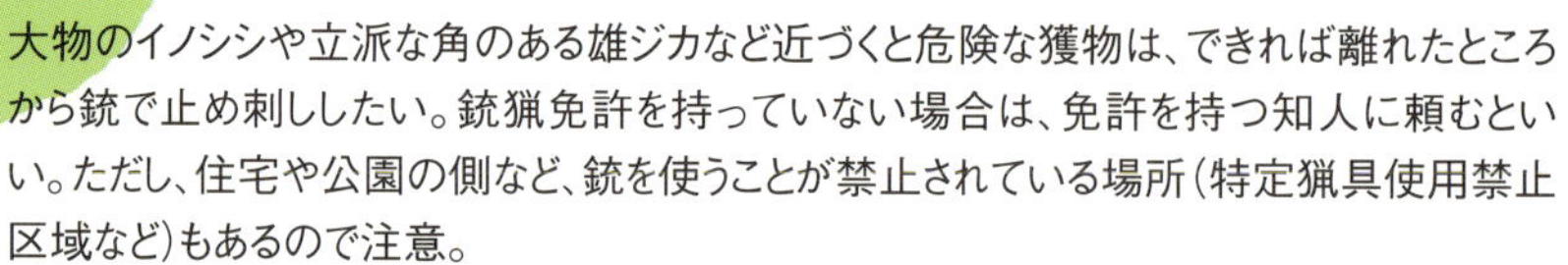

大物のイノシシや立派な角のある雄ジカなど近づくと危険な獲物は、できれば離れたところから銃で止め刺ししたい。銃猟免許を持っていない場合は、免許を持つ知人に頼むといい。ただし、住宅や公園の側など、銃を使うことが禁止されている場所（特定猟具使用禁止区域など）もあるので注意。

刺殺 ～槍やナイフで刺す～

特徴・注意点

免許がいらない（ワナ猟免許だけでいい）
獲物に近づかないといけない
狙いが難しい

柄の付いた槍やナイフで刺す方法なら、ワナ猟免許さえあれば誰でもできる。ただし獲物にかなり近づかなければならず、また心臓などの急所を狙ってすばやく息の根を止められないと獲物が暴れて非常に危険。獲物に近づくときは、傾斜地なら上のほうから、自分と獲物の間に立木を挟むなどできるだけ慎重に。足をしっかりくくっているかをよく確認したうえで、ほかの足や鼻などもくくって獲物の動きを封じるなど安全対策を十分にしたい。

箱ワナにかかった獲物を刺すときでも油断は禁物。足や鼻をくくって固定したほうがいい

撲殺 ～棍棒などで殴る～

特徴・注意点

免許がいらない（ワナ猟免許だけでいい）
獲物に近づかないといけない
一撃では死なないことも多い

棍棒や鉄パイプ、金槌などで獲物の頭を殴る。刺殺と同様、獲物にかなり近づかなければならないが、ワナ猟免許さえあれば誰でもできる。できるだけ慎重に近づき、獲物の動きを封じるなど安全対策をしっかりする。また、殴ってもなかなか倒れなかったり、倒れても気絶しているだけで絶命していないことも多いので注意。すぐに血抜きするなど必ず絶命を確認してから運ぶ。

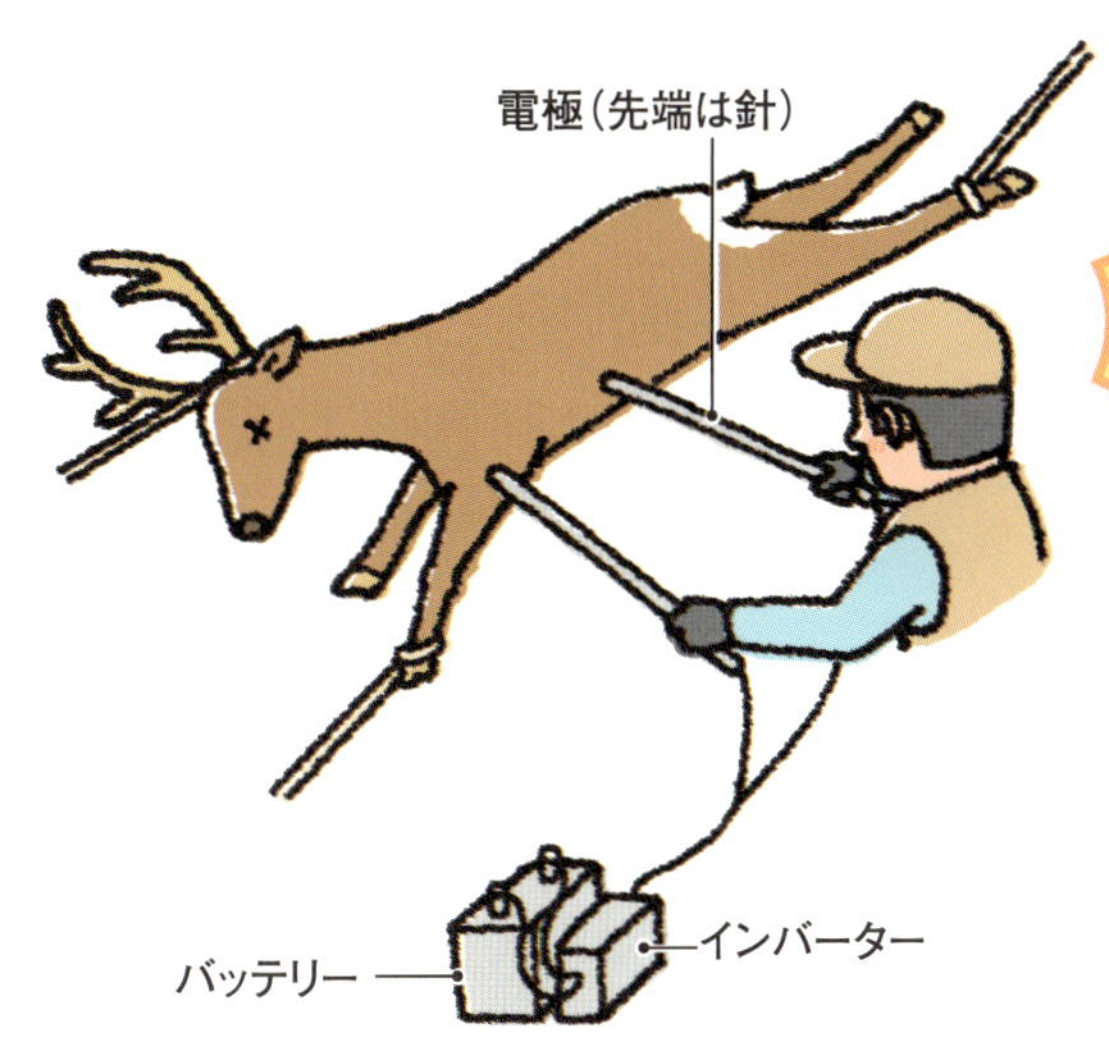

電殺 ～電気ショックを与える～

特徴・注意点

免許がいらない（ワナ猟免許だけでいい）
心理的負担が少ない
獲物に近づかないといけない
動きを封じなければ使えない

車やバイクのバッテリーにインバーターを介して接続した電極棒で刺し、電気ショックで気絶、心停止させる方法。ワナ猟免許さえあれば誰でもでき、血が流れないので心理的負担も少ない。ただし獲物にかなり近づいたうえに2本の電極棒を心臓を挟む位置に一定時間刺していなければならないので、くくりワナにかかった獲物に使うときは3点以上で固定するなど動きを完全に封じる必要がある。また気絶するだけで絶命していないこともあるので十分に注意する。

箱ワナの獲物に対しては、アースを箱ワナにつなぎ、電極棒1本を刺す方法もある

※捕獲、止め刺しした動物をその場に放置してはいけない。必ず捕獲実績（場所・種類・数等）を役場に報告したうえで、回収するか、埋設処理する必要がある。止め刺しの詳細や処理の仕方など、詳しくは地元自治体に確認したうえで実施する。

箱ワナにエサをまき、捕獲の成功を山の神に祈る筆者（78歳）

中型獣 大型獣にも

箱ワナ

DVDでもっとわかる

箱ワナで生涯獲り続ける

熊本・瀬上精一

安全、繰り返し獲れる

熊本県の南部に位置する当地方は、日本三大急流球磨川を挟み、四方を緑の山々に囲まれた山紫水明の環境にあります。市の中心から二〇㎞離れており、生活するには不便です。高齢化と過疎により人口の減少が進み、ゆえに山林の手入れもなく、田や畑の放棄が目立ちます。

それに伴い、山奥に生息していた大型獣（イノシシ・シカ）が今では里山に来て、日中でもよく見かけます。「丹精込めてつくった作物を収穫直前に食べられた」「網や柵で畑を囲ってもどうにもならない」という苦情をあちこちで聞きます。そこで集落に奉仕したいと思い狩猟免許を取り、捕獲を始めました。

私が使うのは箱ワナです。箱ワナの利

この日はウリボウ2匹と
21kgの雄イノシシを捕獲

止め刺しは、箱の外から槍で心臓をひと突きする

点は、なんといっても安全であることです。捕獲したイノシシを処理するときも、箱の外から止め刺しできるので危険はありません。また誤って子供や猟犬が入ってしまったとしても、ケガさせることはないので安心です。

「箱ワナは、最初は獲れてもだんだん獲れなくなる」という話も聞きますが、私はそう感じたことはありません。何年も同じ場所、同じ箱ワナで、繰り返し獲れています。年によって違いはありますが、だいたいイノシシ四〇頭、シカ二〇頭獲っています。

危険承知の獣たちの警戒心を根気よく解いていく

最初にワナを設置するときは、誰でも最良の場所を想定しますね。しかし自然界に生息している獣は、エサを求めて探し回るもの。人間の判断（思い）とは少し違うようです。エサさえあれば、危ない崖の上や谷底など、ところ選ばず現れます。

そんな獣たちにとって貴重なエサでおびき寄せるのが箱ワナです。ですから設置した場所は、よほどのことがない限り移動しません。昔日、人里離れて生活していた獣も、今では人間と同居しているような生活です。過去によほど人間にひどい目にあわされた獣でもない限り、同じ場所で捕獲できます。

ただし箱ワナは、ひと目で自然界にあるものではないとわかります。獣たちも危険と知りながら、生きるためにやむなく近寄ってきているはずです。ですから、ある程度の時間をかけて警戒心を解いていく必要があります。エサをやり続けること、かつワナにはなるべく近づかず、見回りは遠くから確認するなど注意しています。

大物ほどおびき寄せるのに日数はかかりますが、毎日の見回りの楽しさは、また格別のものがあります。この世に生ある限りはがんばって捕獲を続け、地域貢献をしたいと思っております。

（熊本県八代市）

皮付きイノシシ肉の串焼き。たっぷりのった脂と皮のコリコリ感が絶品。獲れた獲物をおいしく食べられるのも捕獲の醍醐味

箱ワナの設置

「一度置いたら何年も動かさない」のが瀬上流。そのほうが自然にも馴染んでよく獲れる。最初に設置場所を決めるポイントは3つ。

- 獣のよく通う場所
- 平らな場所
- 見回り・運搬がしやすい場所

箱ワナの部材は、屋外でわざと雨ざらしにしておいて自然に馴染ませる。組み立て式なら大型の箱ワナでも一人で運べる

近くにクリ林のある林道脇に設置。クリが落ちるのを心待ちにするイノシシが、8月下旬頃から頻繁に通う場所。近くでシカもよく見かける。かつてシイタケのホダ場だった場所で地面も平ら

林道が大きくカーブする場所で、上からも横からも下からも獣道が見られた。人間にとっては見回りしやすく、捕獲した際の運搬もラク

新たな設置場所を決める際には、見当を付けた場所に何度か米ヌカをまいて獣が来るかどうかを探る。ここは数年前まで箱ワナを置いて何頭か獲ったが、獣が出なくなってきたので移動したあと。最近近くでまた出始めたので、米ヌカをまいて反応を探ることにした

こちらは竹林に設置した箱ワナ。イノシシもシカもタケノコ好きなので、よく通ってくる。ただしタケノコの出る3月中旬から5月まではなかなか獲れない。タケノコをたっぷり食べて、エサの米ヌカに見向きもしなくなるからだ。シーズン前、1月から3月中旬までに通ってくる獣をできるだけ獲ってしまい、被害を減らす

エサ（↓）は箱ワナから10m以上離れたところから点々と置いていく。最初は遠くのエサしか食べないが、エサやりを続けるうちにだんだん近くのエサも食べるようになる。この段階ではまだ箱ワナの扉は落ちないようにしておいて獣を油断させる。箱ワナのすぐ近くのエサまで食べるようになったら、いよいよケイト（蹴糸）をセットする

エサやり

危険と知りつつも、ついつい食べてしまう。その繰り返しで獣を箱ワナに導くのがエサやり。獣の警戒心を解きつつ、確実に箱ワナで捕らえるポイントは3つ。

- **魅力的なエサにする**
- **遠くから置き始める**
- **ケイト（蹴糸）※に必ず触れる位置に置く**

※トビラを落とす引き金

エサはイノシシもシカも大好きな米ヌカが主体。サツマイモや果物の皮などを混ぜるとさらに魅力アップ。箱ワナの中に置くエサはこれ。魚や肉などを入れると、猟犬や野犬、猫等が入ってしまうので避ける

両扉式の場合は、中央のケイトを張った部分に大量のエサを置く。どちら側から入った獣も、確実にケイトに触れる

片扉式の場合は奥のほうにケイトを張る。ケイトの近くにまくエサはとくに多めに。これで奥のエサを食べようとした獣が確実にケイトに触れる

アナグマも獲る

アナグマは、これに勝るおいしさはありません。鍋物にすると歯ごたえもあり、味もいいです。害獣には違いなく、ニンジン・ダイコン・スイカ・ジャガイモ・サトイモ等地下の周辺を食害します。これは、中型動物用の箱ワナで簡単に捕獲できます（ただし当地方ではアナグマ捕獲は狩猟期間中のみ許可）。

アナグマ対策の箱ワナは、家庭菜園のウネに設置する。エサはイノシシやシカの生肉がいい。エサを引っ張ると扉が閉まるしくみ（39ページ参照）

大型（全長1.5～2m、高さ1m程度）で重量も100kg前後と重い。市販品は10万円前後とやや高価。鉄工所などでつくってもらうと比較的安くすむ。

動物がケイトに触れるとチンチロ下部の輪が引かれ、ピンが外れる。扉の重みを支えていたヒモが一気に解放され、両側の扉が同時に落ちる

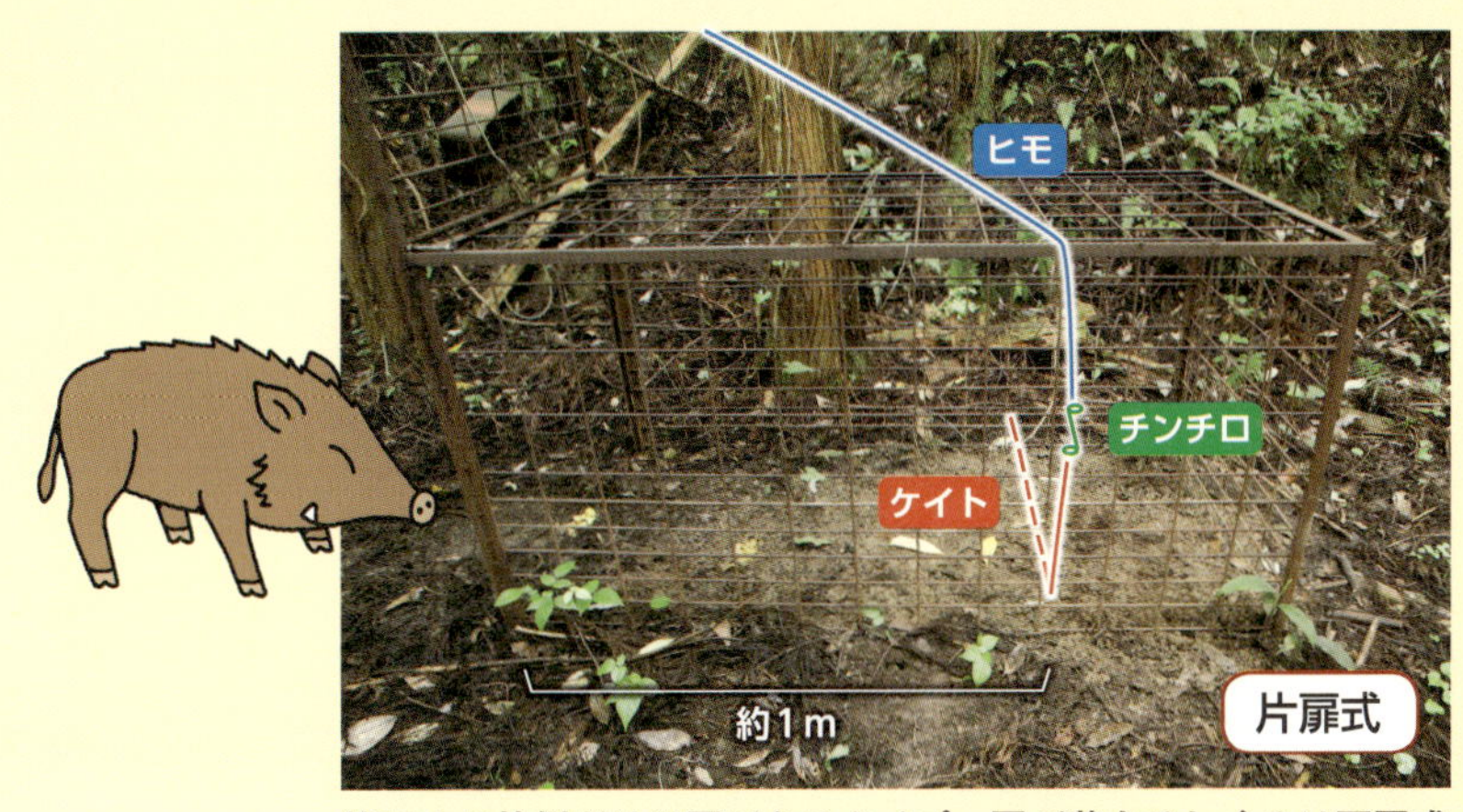

箱ワナの片側だけに扉があるタイプ。扉が落ちるしくみは両扉式と同様。ケイトは奥のほう（入口から約1m）に張り、大きなイノシシでもすっぽり入ってから触れるようにする

箱ワナの両側に扉があり、動物はどちら側からでも中に入れる。両側の扉の重みを支えるヒモはチンチロ（作動装置）を介してワナの真ん中に張ったケイト（蹴糸）につながる

中型動物向き

吊りエサタイプ、踏み板タイプがある。どちらも全長1m未満、高さ30～40㎝で重さ5㎏前後。市販品は1万円前後。

吊りエサタイプ

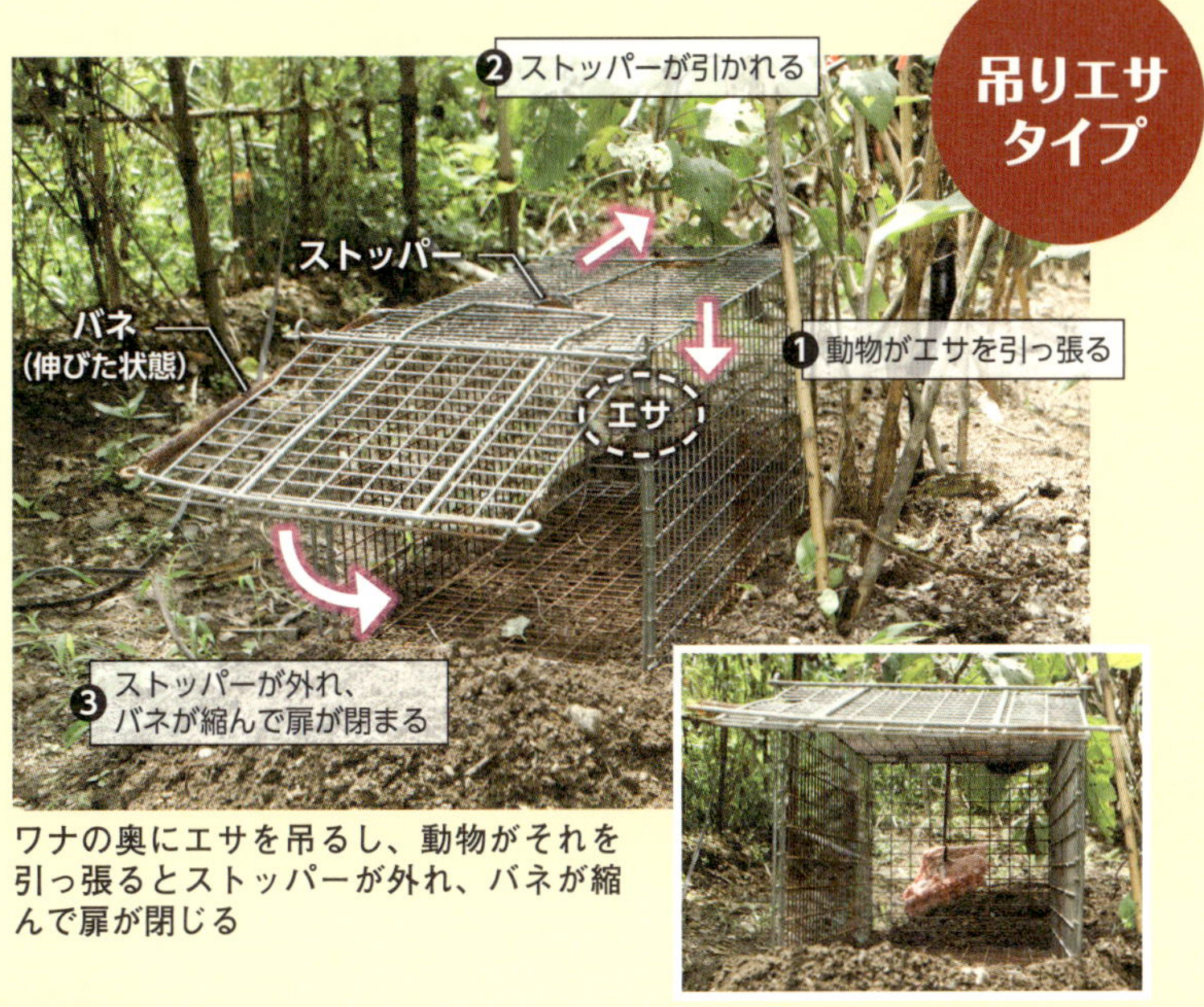

ワナの奥にエサを吊るし、動物がそれを引っ張るとストッパーが外れ、バネが縮んで扉が閉じる

吊るされたエサ

踏み板タイプ

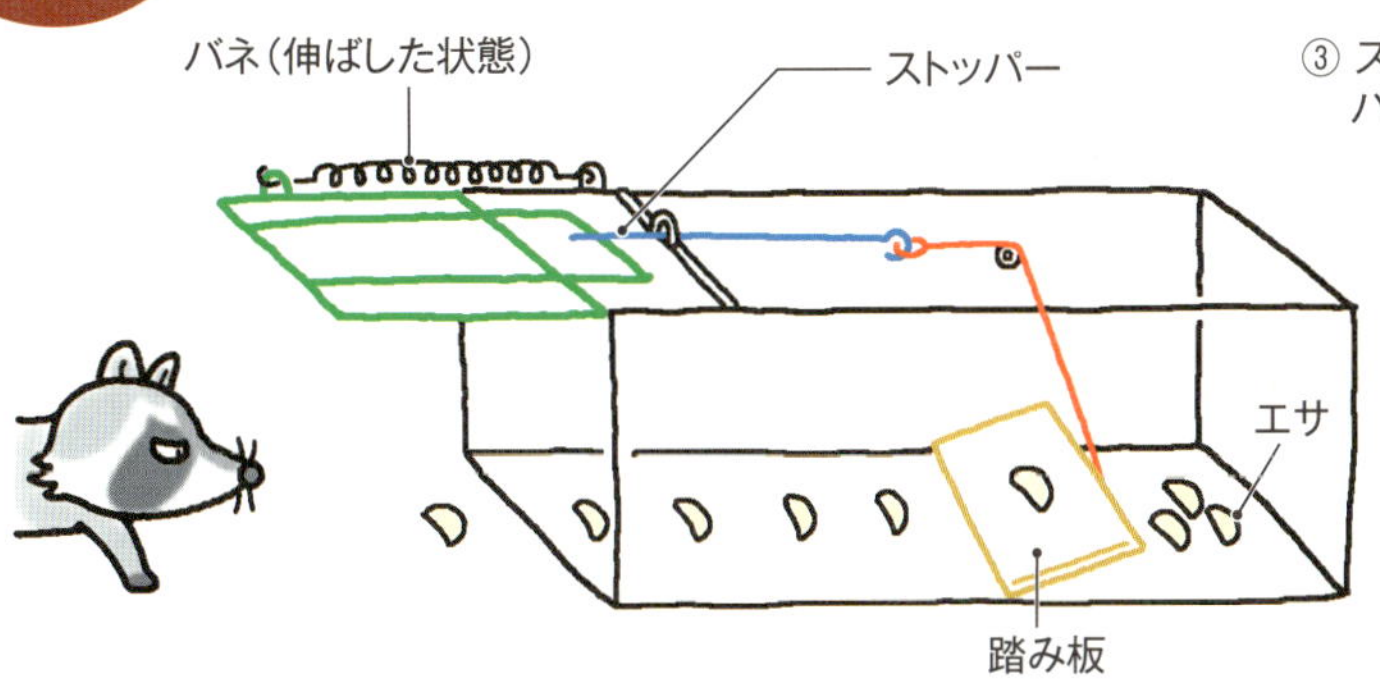

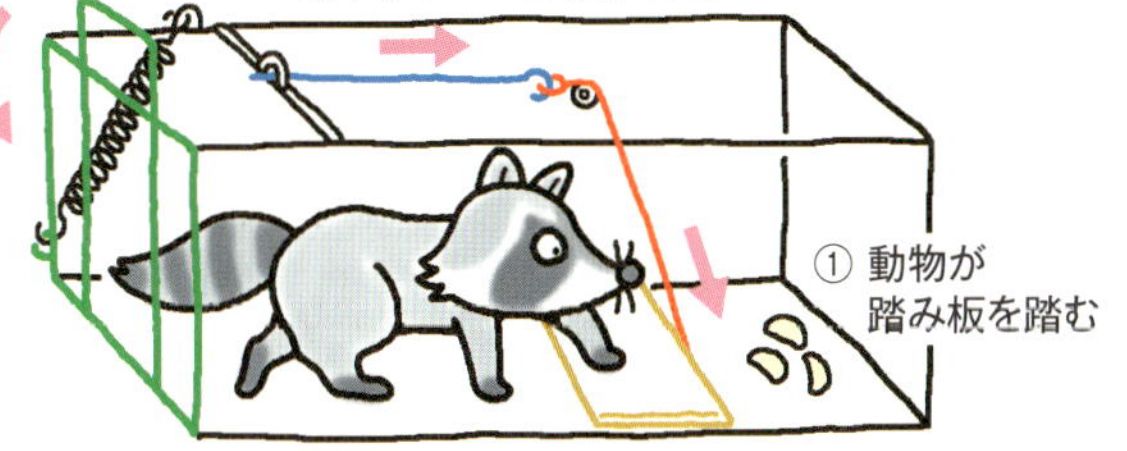

ワナに入った動物が踏み板を踏むとストッパーが外れて扉が閉まる

アジフライとアンパンで

ハクビシンは獲って食うべし

高知・長野博光

箱ワナで捕獲したハクビシン

一〇〇kg以上のミカンが一週間で消える

ハクビシンの被害は一年中です。わが家では主力のミカンの被害がもっともひどく、母が世話する家庭菜園のスイカ、メロンと続きます。夏、老いた母は「せがれや、カラスが悪さをしだした。なんとかせい」と毎年ハクビシンの被害もカラスのせいにします。夜行性で、昼間に姿を見せないからです。

もともと日本にいたのか、外来種なのかハッキリしていませんでしたが、いまでは明治時代に持ち込まれたという説が有力なようです。おもに本州の東半分と四国に棲息しています。雑食性で、とくに果物が大好き。甘いものに目がありません。母子を中心とした家族で生活し、一〇～二〇頭程度の群れをつくることもあるそうです。

ミカンが甘くなり始めると、待ち構えていたかのように食べ始めます。それも決まって園で一番糖度の高いミカンの木から食べ始めるのです。一〇〇kg以上なっているミカンでも、食べつくすのに一週間もかかりません。驚くべき大食漢だと思っていましたが、群れをつくるということで納得しました。

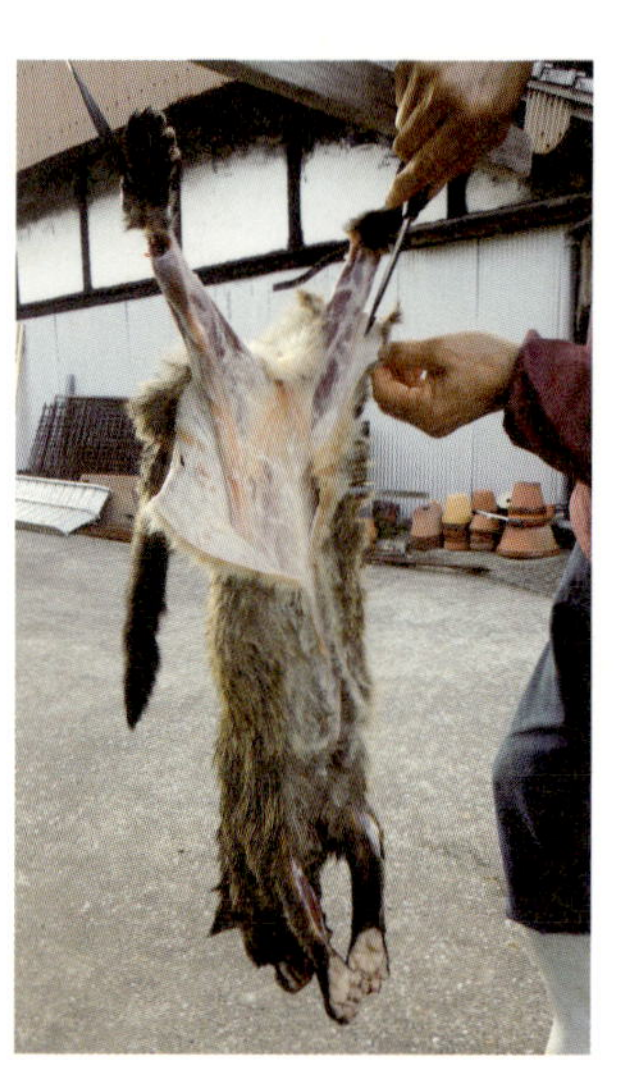
肉をいただくために解体する。箱ワナごと水に沈めて息の根を止めたのち、血抜きして皮を剥ぐ

肉は最高にうまい

ミカンはわが家の主力作物。やっと収穫までこぎつけたおいしいミカンを大量に食べるハクビシンは、不倶戴天の敵。やっつけずにおかりょうか。スイカやメロンなら、コンテナをかぶせて防ぐ方法もあります。でも、広いミカン園ではそれも無理。捕獲以外に手の打ちようはないのです。

それに捕獲すると、目に見えて被害

ハクビシンの精肉。クセがなく、焼き肉やすき焼きで食べると美味

が減ります。襲撃犯に対して反撃ができるということは、精神衛生上たいへんよろしい。やりがいもあります。「攻撃は最大の防御」です。

しかもハクビシンは、ミカンの頃にはたっぷり脂肪がつき、とてもおいしい獲物になります。友人は「こじゃんとうまい。日本で手に入る肉では最高にうまい。松阪肉よりもうまい。松阪肉は食ったことはないが」というほどです。「借金（損害）をうまい肉体で償ってもらおうかのう、ぐふふ」（いやらしい笑い）というところでしょうか。

ミカン園脇のハクビシンの通り道に仕掛けた箱ワナ。奥行き90cmの中型獣用
（田中康弘撮影）

ハクビシンが食べたスイカの残骸。スプーンで削り取って食べたかのように見事

ネットで覆ったスイカのウネ脇に置いた箱ワナでハクビシンを捕獲

アジフライとアンパンでおびき寄せる

彼らはワナに対する警戒心はあまり強くないようで、箱ワナで簡単に捕獲できます。昨シーズンはミカン園で八頭、スイカ畑で六頭捕獲しました。

箱ワナは、奥行き六〇〜九〇cmのものを使っていますが、大きいほうの効率がいいようです。成獣は全長一mになり、尾は約四〇％。とても力が強いので、扉から尻尾が出ているとストッパーがかかる前にズリ出ることもあります。また、設置のとき木や杭に固定しないと、暴れた拍子に箱ワナが倒れ、ストッパーが外れて逃げられることもあります。

よく失敗するのが、扉が閉まる途中で木の枝や草の切り株に引っかかってストッパーがかからず逃げられるというパターンです。ワナはできるだけ水平に置き、扉の近くに引っかかるものがないことを確かめます。

設置場所は、スイカ・メロン畑の場合はウネ周り、ミカン園だと被害を受けている木の根元など。一度作物を食べ始めるとほぼ毎日来ますので、エサ場になっている場所に仕掛けると効果が高いように思います。また、群れで来ることを考慮して、今後は周辺の通り道にも分散して設置しようと思います。

仕掛けるエサですが、いくら果物好きといっても、ミカンの被害を防ごうとミカンを使ってもダメです。盗み食いしているものとはまるで違うもの、たとえばアジフライとアンパンなどを使います。引き金にアジフライを付け、床には半分にちぎったアンパンを数個置くなどです。スイカ畑の場合は、バナナなどにおいが強くより甘い果物も効き目があります。

ハクビシンは箱ワナで被害を防ぎつつ、おいしいジビエ料理にしてはいかがでしょう。

（高知県安芸市）

ヌートリアが思わず入る　イカダ式箱ワナ

鳥取・西村英樹

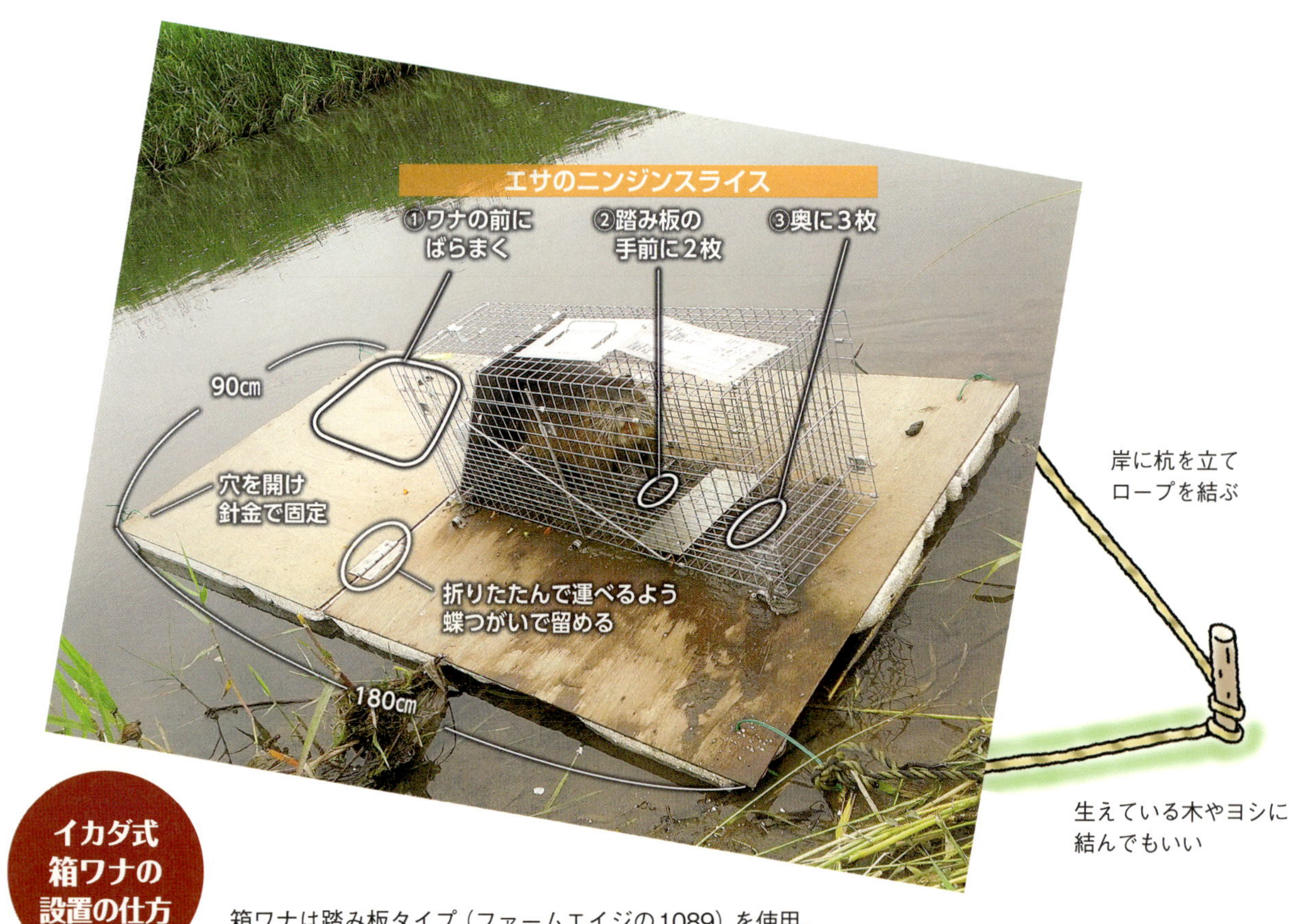

イカダ式箱ワナの設置の仕方

箱ワナは踏み板タイプ（ファームエイジの1089）を使用。少し重いが丈夫で使いやすく、持ち運びもしやすい。ワナとイカダも針金で2カ所固定しておく。
エサは、厚めにスライスしたニンジンを使う。カボチャやサツマイモでもいいが、ニンジンのほうが一年中入手しやすく、スライスしても乾燥しにくい。

ヌートリアが一番使う道は「川・水路」

私は、スイカ、水稲、繁殖牛を経営する農家です。スイカをタヌキやアナグマに食い荒らされたことから狩猟免許を取り、捕獲を行なってきました。現在は自分の畑を守るほか、市内で被害の多いヌートリアを年間一〇〇頭前後捕獲しています。

ワナ猟の基本は獣がよく通る獣道を見つけることです。獣にとっての国道や県道みたいな交通量の多い獣道に仕掛ければよく入りますが、町道や農道のような獣道では入らないと恩師が教えてくれました。ヌートリアの捕獲で苦労するのが、この通り道（獣道）を見つけることなのです。

ヌートリアは泳ぎの得意な動物で川や水路を泳いで移動し、エサ場に近づくと陸に上がります。捕獲するときには、川から陸地への上り口やよく利用する獣道にワナを仕掛けます。しかし、陸地をあまり移動しないためか、獣道を見極めるのは難しいと感じていました。探し回ってようやく見つけても、糞や足あとが古かったりして、捕獲にちょうどいい場所が見つかりません。

もっと効率よく捕獲するためには、ヌートリアが一番よく使う道である河

イカダ式箱ワナの設置場所

川の流れがよどんでいるところにはたいていヌートリアがいる。その付近が堤防から目視できるような場所なら最適。堤防からよどみに向かってまっすぐ草刈りして道をつくり、イカダ式箱ワナを仕掛ける。獲れたら同じ場所で獲れなくなるまで仕掛け続ける。
なかなか獲れなかったら、ニンジンを1本切らずに岸に挿しておく。ニンジンが食べられたらヌートリアはいるはずなので、引き続き仕掛けておく。1週間以上食べられなかったら、諦めて別の場所に仕掛け直す。

川や池で捕獲すればいいということに思い至りました。この周辺にいると思ったところにイカダを浮かべ、その上にワナを仕掛けておけば、確実に捕獲できます。泳いでくるヌートリアを引き寄せるわけです。

　この方法なら、護岸された水路など箱ワナを設置しにくい場所でも捕獲ができるし、イカダ上の糞や寄せエサの状態が見やすく、ヌートリアの動向が把握しやすいという長所があります。

流れがよどんだ場所に仕掛ける

　このイカダ式箱ワナは、大阪府のヌートリアの捕獲の資料を参考に自分なりに工夫して作りました。

　イカダの材料は発泡スチロール（丈夫で水を弾く「スタイロフォーム」）、コンパネ一枚、ロープ、針金（ビニールコーティングしたもの）です。作り方は簡単で、まず発泡スチロールとコンパネの四隅に穴を開けて、太めの針金を通して固定。係留用のロープをつけます。あとは、その上に箱ワナを針金で固定するだけです。

　イカダは、流れが緩やかでよどんだ場所に設置します。流されないように、ロープを木や杭などにしっかりと係留してください。狭い水路などに設置する場合は、流れてきた草や木などのゴミがイカダに引っかかって水路をせき止めることがあるので、見回りが必要です。

　仕掛けた当日から捕獲でき、早ければ二時間くらいで獲れることもあります。一頭獲れたら近くに必ず何頭かいるはずなので、繰り返し仕掛けます。一カ所で一〇頭以上獲れることもあるので、獲れなくなるまで仕掛け続けましょう。

　ただし、河川や水路にイカダ式箱ワナを設置する際には、管理者に許可を受けるようにしましょう。無断設置はトラブルの原因となります。

　県、市、恩師などの協力で捕獲数が上がってきました。足の引っ張り合いではなく地域の協力でヌートリアの数を減らし、農作物の被害をなくしましょう。

（鳥取県倉吉市）

＊二〇一二年九月号「ヌートリアが思わず入る　イカダ式箱ワナ」

キャラメルコーンとドッグフードで

アライグマを獲る！

今井 学

住みかは木のウロや屋根裏水辺を移動

平成十九年の春から、北海道月形町ではアライグマの被害や苦情が爆発的に増えました。北海道のあちこちでも目撃情報が発生。当時アライグマの生態や駆除方法などの情報はまったくなく、ワナをかけてもやられる一方。

もともと海外に生息していたアライグマは、環境への適応能力が高く、日本の暑さ寒さにも耐えられます。また、天敵である野生の肉食動物（オオカミやピューマなど）が国内にいないため、全国各地で繁殖し農作物に被害を与えています。

このアライグマ、四本足で歩く生きものとしては特徴的な部分がありま す。それは、手。手先がとても器用な動物です。人間やサルと同じく手足の指が五本あり、モノをつかむことや木に登ること、穴を開けることができます。トウモロコシは皮をむいて食べ（タヌキやキツネはかじるだけ）、スイカは穴を開けて中身だけ食べてしまいます。

アライグマは自ら穴を掘ることはほとんどありません。ほかの動物が住んでいた穴や、木のウロ、家や納屋の屋根裏、縁の下などを住みかにし、そこで繁殖します。

キツネやタヌキなどの野生動物は沢の中や低いところを通りたがります。アライグマも似ているのですが、とくに水辺を好んで移動します。おもに川やため池、貯水池などの水辺沿いに歩いてきます。住みかも足跡も水辺付近で発見することがとても多いです。

水辺に箱ワナ（踏み板タイプ）を設置する筆者。アライグマは力が強いので、奥の扉は必ず結束バンドで補強する

エサのキャラメルコーンとドッグフードを持つ筆者。役場住民課の有害鳥獣担当として対策に熱中するあまり、貯めた小遣いをすべて使ってハンターになりました

春、作物が実る前にワナを仕掛ける

アライグマは冬眠せず、冬が発情期です。メスは自分の住みかで繁殖し、オスはメスの住みかを転々とします。

この発情期に目撃情報や足跡など見られることもありますが、この時期にワナを仕掛けてもまったく捕まりません。繁殖時期のメスは住みかからほとんど外に出ません。その代わりオスがメスのところに行きますが、メスの住みかの前にエサとワナを置いても、まったくと言っていいほど見向きもしません。

もっとも効率的に捕獲できるのは、北海道では春から夏にかけてです。まだ畑に作物が実る前に捕獲することが捕獲率のアップにつながります。アライグマは冬の繁殖時期を過ぎ、出産後の春に住みかから出てきます。畑に何もない状態でワナを仕掛けると、お腹が空いたアライグマはエサのにおいに誘われてワナに掛かりやすいのです。

甘いにおい、油のにおいが大好き

アライグマは雑食性です。木の実や作物、残飯や小動物など何でも食べます。しかし、もっとも好きなのは、甘いものと油のにおいです。

油で揚げた甘いにおいがする食べものといえば……身近で一番手ごろなものがお菓子の「キャラメルコーン」。コンビニやスーパーなどで手に入り、大きめの粒状で仕掛けるときにも扱いやすいです。肉系や魚系でも捕まりますが、タヌキなどアライグマ以外の動物が捕まったり、日持ちがしないので、あまりおすすめしません。

ワナに使用するエサはもう一つあります。それは、市販のドッグフード。パラパラとしたドッグフードはアライグマも拾いやすく、安くて広範囲に使用することが可能です。作物の時期によってまき方も工夫できます。私の経験では、キャラメルコーンとドッグフードを両方使ったほうが捕獲率は高くなります。

なお、キャットフードでも代用できますが、魚系のにおいが強いため、野良猫などアライグマ以外の動物が捕まる可能性が高くなります。また、誤捕獲が多いのであれば、キャラメルコーンの代わりにリンゴやスイカなどの果物系を使用するといいでしょう。

踏み板の上にもエサを置く

では、実際にワナを仕掛ける方法をご説明します。使用するワナは中型動物用の踏み板タイプの箱ワナ（例えば「モデル１０８９」）です。

仕掛け場所は水辺周辺がよいでしょう。水辺がなければ周りより低い場所や納屋の中などの住みか周辺に設置します。納屋や物置などは基礎が低いので、建物の壁沿いに仕掛けます。神社や寺など無人の建物の場合は縁の下か屋根裏に仕掛けますが、少しでも人の気配が少ない場所を選んでください。

ワナを設置したら、ワナに誘導するようにエサをまきます（図）。

一番のポイントは、キャラメルコーンを踏み板（トリガー）の上にも置くこと。踏み板の上のエサをつかんだとき、手が踏み板に当たってワナが作動し、扉が閉まります。踏み板の上に置かないと捕まらないことがあります。

エサをまきおわったら、最後に可動部（踏み板から扉につながる部分）にかからないようにしながら周りの草を檻の上や横に少し置いて、ワナを隠します。

ワナを仕掛けたら、必ず一日に一回以上見回りをして、エサを補給します。長期間設置するとネズミにエサを食べられるようになりますので、設置から約二週間が勝負になります。

（北海道月形町役場）

＊二〇一〇年九月号「キャラメルコーンとドッグフードでアライグマを捕まえろ！」

踏み板タイプの箱ワナを使う場合のエサの置き方

作物がなる前

フキや草などで覆う
可動部にかからないように注意
ワナのなかにも少しドッグフード
入り口より30～50cm手前から約10cm間隔キャラメルコーン
約10cm間隔
入り口より前に扇形にドッグフード1～2mの範囲で2～3握りの量
中央に5個くらいキャラメルコーン
踏み板の上にもキャラメルコーン

エサとなる作物がない時期（北海道では春～初夏）は、食べ物を探すために通り道がバラバラになる可能性が高い。エサも広範囲にまく

作物がなっているとき

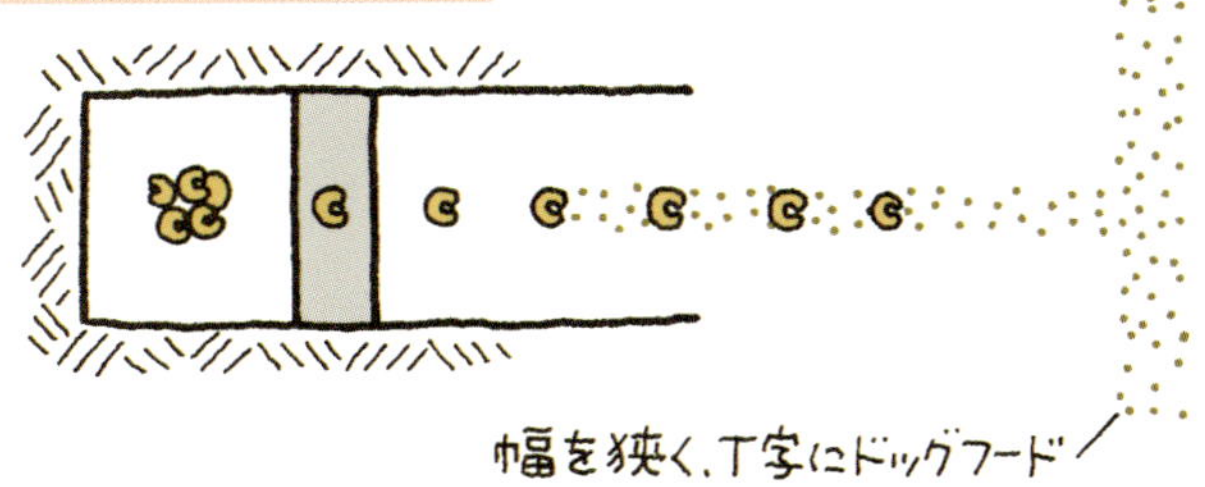

畑に作物ができてくると（夏～秋）、畑めがけて歩いて来る場合が多い。まく範囲を狭くし、より強力にワナへ誘導。T字型にまくと、前から来ても横から来てもエサに当たりやすい

中型動物の習性

柵をつくっても、登ったりくぐったりあの手この手で畑に侵入してくる身軽な中型動物たち。
繁殖能力も高くてどんどん殖える。でも習性をつかめば、箱ワナで獲るのは簡単だ。

ハクビシンの習性

針金1本でも5本指でしっかりつかんで渡る（提供：新井一仁、Aも）

食べもの

・果実や甘い農作物を好む傾向が強い。しかしカエルやサンショウウオ、昆虫類、小型の哺乳類、鳥類など何でも食べる

・ブドウはとくに好き。棚の上からぶら下がって袋を噛み破り、一つずつ食べて皮を吐き出す

繁 殖

・特定の繁殖期を持たず、1年を通じて子供を産む

・妊娠期間は約60日間。1回平均4頭産む

(A)

行 動

・雨どいや針金1本でも登ったり渡ったりできるほどの木登り上手。柱などは器用に爪を立てて登るため、ネコが爪とぎしたような爪痕が残る

・ジャンプ力も1mくらいある

・夜行性

・木の洞や人家の屋根裏など1頭が複数の寝屋を持ち、日々使う場所を変える

・移動は川沿いが多い

ヌートリアの習性

（提供：阿部豪）

食べもの

・マメ類や葉菜類、根菜類まで幅広い作物を食害する

・イネの苗や、やわらかい新芽なども好き

繁 殖

・ネズミの仲間なので、繁殖力は強い

・特定の繁殖期は持たず、年間2回以上産むこともある

・妊娠期間は130日程度で1回平均5頭産む。子供もおよそ半年で繁殖可能になる

行 動

・水辺で暮らす生きものなので、水辺から離れて長距離移動することはほとんどない

・堤防やアゼに穴を掘って巣をつくるので、それ自体が被害になる

・藪の中にトンネル状の獣道をつくる

・家族単位の4～5頭のグループをつくる

・今のところ東海地方より西の本州に生息。分布は徐々に拡大中

アライグマの習性

食べもの

- 果実や甘い農作物を好む傾向が強い。しかしカエルやサンショウウオ、昆虫類、小型の哺乳類、鳥類など何でも食べる
- スイカやメロンなどは、5㎝くらいの丸い穴を開け、中身をすべてくり抜いて食べる
- ハクビシンと同じようにブドウ好き。皮を吐き出す食べ方もそっくり。ただしアライグマの場合は、手を使って袋を引き上げて食べる

繁 殖

- 2～3月頃が繁殖期
- 60日程度の妊娠期間を経て、4～5月頃に出産。1回平均4頭産む

行 動

- 木登りが得意で、木の洞や屋根裏などを住みかにする
- 毎日同じ道は通らないが、河川や側溝、防風林などを移動経路によく選ぶ。水辺が好き
- お母さんを中心とした4～5頭のグループをつくり、複数のグループが同時に畑や牛舎に出没することもある

（提供：阿部豪）

アライグマの足あと（後ろ足）。指が5本あって手先が器用。キツネやタヌキと違って、トウモロコシなども皮をむいて食べる
（提供：今井学）

キツネの足あと。指は4本（タヌキも4本）

アナグマの習性

（田中康弘撮影）

食べもの

- 雑食性で、ミミズやカエル、昆虫、果実、木の実などいろいろ食べる

繁 殖

- 繁殖期は3～4月
- 妊娠期間は約1年におよび、1回1～3頭産む

行 動

- 夜行性。日中は巣穴で休む
- 冬の間は冬眠する。ただし暖かい地方では冬眠しないこともある
- 秋になると冬眠に備えてエサをたくさん食べる

警戒心の強い
イノシシも獲れる

竹製箱ワナ

愛知県岡崎市・成瀬勇夫さん

あれなら入っても
大丈夫だナ……

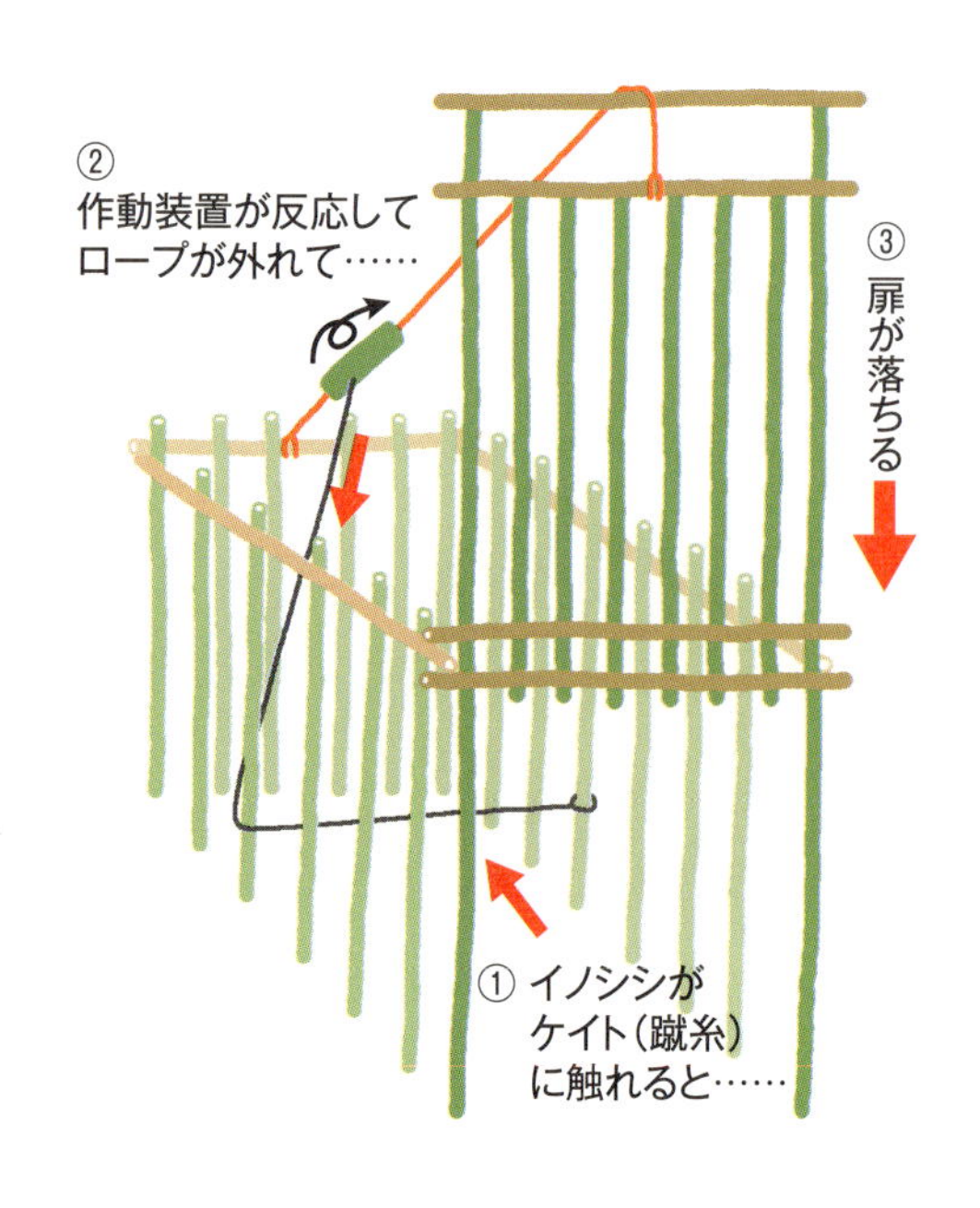

成瀬さんが約3年使った箱ワナ(作動装置は外してある)。竹と間伐材が基本材料(竹は4年生以上で、直径8cmくらいのものが強い)。番線やロープ、かすがいや釘などの材料費は1つあたり約1万円(大西暢夫撮影、以下〇も)

＊2010年12月号「イノシシがよく入る竹製の捕獲檻を作る」
2011年1・3・4月号「連載　竹の檻でイノシシを獲る」
2012年7月号「扉の仕掛けも竹で作れるぞ」

※成瀬さんの竹製捕獲檻の設計図は岡崎市のホームページを参照
http://www.city.okazaki.aichi.jp/1400/1404/1414/p003258.html

安いのでたくさん置け、イノシシも油断しやすい

愛知県岡崎市では、イノシシによる農作物被害が年々増加。田んぼや家庭菜園をやめた人も多い。山間部で暮らす成瀬勇夫さんは、平野部にまで広がっていく被害をなんとかしたいと思っていた。

トタン柵や電気柵を張っても、破壊されたり掘り返されて倒されるなど、イノシシの行動はどんどん大胆になる。「シシの密度が高いと、頑丈な柵を張っても何度も襲われて壊されてしまう。捕獲で数を減らせば、田も守りやすくなるはず」と考えた成瀬さん、仲間とともに捕獲作戦を強化することにした。

捕獲率を高めるためには、ワナを安くたくさんつくって設置密度を高めたほうがいい。そこで一〇年近くかけて開発したのが、竹製の捕獲檻(箱ワナ)だ。

安いだけではない。鉄製の既製品と比べると、自然の材料なので山に同化しやすい。また、いざというときは体当たりをすれば壊せるだろうとイノシシを油断させられる。設置場所の吟味、エサやりなど管理の仕方も研究しながら竹製箱ワナを次々設置したところ、捕獲の成功率がアップ。毎年一〇〇頭以上獲れるようになった。(編)

竹製箱ワナのつくり方

扉

側面を組んで箱の形を作ったら、入口の扉を設置。枠に扉をはめたあと何度も上げ下げして、引っかかる節などは削っておく（扉が素早く閉まるように）（O）

側面

竹製箱ワナは、側面と天井、扉の計5面を作って、最後に組み合わせる。竹どうしの隙間は、6～7㎝を厳守。これより広いと強度が弱くなり、狭いとイノシシが警戒する（O）

作動装置からきた針金をケイトに結ぶ。ケイトはノイバラのツル。ゆるめに張って"遊び"をつくり、小鳥や小動物が触れるくらいでは作動装置が反応しないようにしておく

作動装置

◆セッティング

扉
回転棒
安全ピン
針金と番線の角度が90度になるように調整
下のロープは側面の横向きの柱にくくる
ケイトにつながる

回転棒にロープの先端の輪（扉側）をかけ、回転棒の先を番線で押さえ、安全ピン（作動装置のストッパー）で固定。番線の輪に針金をつけ、角度が90度になるように調整（小さな力で番線が回転しやすく、作動装置の感度がもっとも高い）。イノシシが箱ワナに入るようになったら安全ピンを外す

◆動くしくみ

作動前

作動直後

①イノシシが針金（ケイト）を引っ張る
②番線が前に倒れる
③番線が下に動く
④棒が回転して扉を支えるロープが外れる

回転棒には扉側のロープがかけてあるので、回転しようと引っ張る力がかかっている

現場検証で探る

田んぼを荒らした**犯人**は誰だ!?

もうすぐ収穫だったのに、
一夜にして田んぼがメチャメチャになっちまった！
ちくしょう、どいつの仕業だ!?

食痕

円形に広く鎌で刈り取られたような状態

足あと

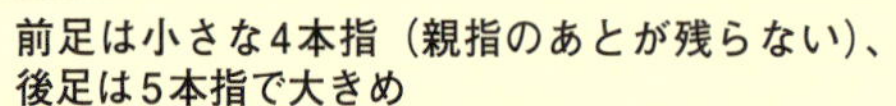

前足は小さな4本指（親指のあとが残らない）、
後足は5本指で大きめ

痕跡

3㎝程度でウインナー状の糞

これはひどい！　被害の拡大を防ぐには、
まず怒りをぶつける犯人を見極めること。
現場に残された食痕、足あと、痕跡などの手がかりを
よーく観察することが大事です

㈱野生鳥獣対策連携センター・阿部豪さん

動物それぞれの手がかりは――

食痕

穂が歯でしごいたようにこそぎ取られる

足あと

丸みを帯びた蹄型。副蹄のあとが残ることも多い

痕跡

茎が引き倒されて泥まみれ

糞

穂先だけ刈り取ったような状態

先がとがったような蹄型。副蹄のあとは残りにくい

糞

サル

穂が引きちぎられ、収穫したような状態

人の手形に似ており、親指が真横に伸びる

茎が引き倒される

糞

（右ページの）犯人は…… **ヌートリア！**

一見、イノシシ被害のように大規模な踏み倒しですが、これはヌートリアの仕業です。イノシシ用の高さ20㎝程度の電気柵だと潜り込めてしまいますし、イノシシ用の箱ワナではエサも目合いの大きさも異なるので、ヌートリアは捕獲できません。

犯人を捕まえるなら、中型動物用の箱ワナを設置し、ヌートリアの好むニンジンなどのエサを使用したほうがいいですね（42ページ参照）

山田鳥獣害対策組合で最初につくった囲いワナ。右からメンバーの栗生貴志さん、会長の山﨑明さん、谷野滋一さん、北山裕基さん。サルを誘うため外にもミカンを置き、中に入れるように丸太やハシゴを立てかけておく。製作費は約40万円
（尾崎たまき撮影、以下Oも）

群れごと減らす

手づくり囲いワナ

和歌山県湯浅町・山田鳥獣害対策組合

設置後二年でサル害が激減

「三〇年くらい前まではサルはめずらしくて、隣の町に出たって聞いたらわざわざ見に行ってたぐらいやった」と組合長の山﨑明さん。それが年々増え続け、山田地区周辺に四〜五群が住みついてしまった。一群は約一〇〇頭。ミカンの被害額は、地区の畑一二〇haで年間およそ三七〇万円ほどにもなった。

個別に柵をつけたり、花火で追い払ったりしたものの、いっこうに被害は減らせない。猟友会に頼んで駆除してもらうにもきりがない。そこで山﨑さんたち地区の役員九名は、二〇一二年に組合を結成。役場に直談判して材料費に三〇万円だけ補助をもらい、設置してみたのが囲いワナだ。

中に入ると

壁の高さは４ｍ。これ以上高いと、飛び降りるのが怖いのか外から入らない。またこれより低くすると入ったサルがよじ上って逃げてしまう。広さは８ｍ四方。ある程度広いほうが群で入りやすいと考えた（O）

下１ｍはワイヤーメッシュにして外からエサが見えるようにした。10㎝網１枚だと子ザルが逃げたので、２枚重ねて亀甲金網もつけた。穴を掘って逃げようとするので、ワイヤーは地下に50㎝ほど埋め込み、外には石を並べた（O）

上から見ると

サルは角の部分からよじ上ろうとするが、トタンを直角ではなく少し丸く曲げると、手足に力が入らず登りにくくなるらしい。トタンはサルが噛み切れない厚めのもの（写真は３基目のワナ）（O）

少し曲げる

ワナに入ったサルの群れ
（写真提供：和歌山県）

五月、高さ四ｍ、八ｍ四方のワナが完成。エサでおびき寄せたサルが、足場パイプや立て掛けた棒などを登って中へ飛び込んだら最後、ツルツル滑って出られなくなるしくみだ。

効果は絶大だった。なんと設置三日後にはサルが入り、以後三カ月の間、数日おきに一〇頭くらいずつ入った。そこで一二年度にもう一基、一三年度に県の補助でさらに一基を地区内につくった。

ミカンがたくさんなる十一月以降は獲れなくなるが、それでも、この二年間でサルは二～三群にまで減ったよう。山﨑さんは山地にバレンシアオレンジが五〇本あり、サル害で収穫がゼロになった年もあったのに、一三年度はすべて収穫できた。近隣の集落や隣町の人たちからもお礼を言われるようになった。

確実に来る場所に設置 安心させて続けて獲る

一番難航したのは、ワナを設置する場所決め。囲いワナは一度設置したら動かせないので、確実にサルが来る場所につくらなければ意味がない。よく姿を見かけるサルの通り道で、かつある程度広い場所をあたった。なぜかサルは、見通しの悪い谷間より、視界が開けた場所のほうがよく入るのだ。ミカン園から一〇〇エサはとにかくミカン。「サルはバナナ好きかと思って初めはやってたが、ぜんぜん食わない。ミカンの味しか知らんのやな」と山﨑さん。3～10月にたっぷり入れてサルを誘う。それ以外の、ミカン園に果実がたくさんなる時期は絶対ワナに入らない。メンバー全員が有害鳥獣捕獲の講習を受けるなどして、エサやりと見回りを交代で行なう（O）

３基目のワナ。かつてミカン園だった場所を整地して設置した。やはり以前からサルの姿をよく見かけた場所で、視界の開けたところ。シカ害も深刻なので、ワナをシカにも使えるか検討中だ（O）

入口をドアにして人が出入りしやすくし、猟友会の人が上から銃で撃ちやすいように足場をつけた。処分する際はメンバー、役場、県民局担当者が立ち会う。町から１頭8000円の報奨金が出るが、ほとんど猟友会に渡し、駆除に協力してもらっている（O）

mほど離れた林道脇にいい場所を見つけたものの、ワナはわざわざサルをおびき寄せるようなもの。地権者には何度も交渉し、無料で土地を貸してもらった。

　また、同じ場所で続けて獲るための努力も必要。何より大事なのは、定期的に見回りしつつエサやりし、エサを絶やさないようにすることだ。とくにミカンが少なくなる五月から八月まではサルがエサ不足になる時期。一週間に一度は必ずエサやりして、お腹を空かせたサルをおびき寄せる。

　それでも設置後二年以上経つと、サルがワナを警戒して入りにくくなることもある。そんなときにはワナの中にも棒を立て掛け、あえて自由に出入りできる状態にしてやる。そのまま一〇日ほど待ち、サルが安心して中に入るようになったら中の棒を撤去。油断したサルがまた獲れるようになるというわけだ。

　獲れたサルは、猟友会にお願いして鉄砲で処分してもらう。メンバーは無償だが、役員が変わってもワナの管理は続けていくつもりだ。編

＊『季刊 地域』18号（二〇一四年夏号）「サル害を激減させた自作の囲いワナ」

ロープ落下式囲いワナ

愛知県岡崎市の成瀬勇夫さんたち（48ページの記事も参照）も、サル対策の囲いワナを手づくりした。エサのミカンが少なめでも、サルが気軽にワナに入ってくるようロープを設置。サルがワナの中をうろつくとロープが落ち、二度とよじ上れなくなるしくみだ。

成瀬さんたちの囲いワナ。サルがよく出没する林道脇の大きな木の下に設置。木の枝や立て掛けた棒を使ってサルが壁を登ってくる。高さはやはり４m弱。トタンを内側にやや傾斜させ、中から登りにくいようにしている（田中康弘撮影、以下も）

囲いの内側に３方向から張ったロープを伝ってサルが中に下りてくる。ロープの先端は、外側で浮かせた竹の先端にひっかけてあるだけ。エサのミカンは竹筒の上に設置。こうすると地面に置くよりずっと腐りにくい

ロープはまとめて引っ張り、滑車を経由して外の作動装置に結びつける。壁際に張ったケイト（蹴糸）にサルが触れると作動装置から緑のロープが外れ、赤いロープも緩んで落下する。サルは囲いの中に入ると壁沿いをグルグル回る習性があるので、遅かれ早かれケイトに触れるそうだ

サルの習性

（提供：和歌山県）

食べもの

- 最初から農作物を好んで食べるわけではない。現れはじめてから３～５年かけて次々と新しい野菜や果樹の味を覚えていく
- トウガラシのような辛いものは苦手。未熟果など苦いものや渋いものは平気

繁 殖

- ９～11月頃が繁殖期。160～180日程度の妊娠期間を経て、３～５月頃に１回１頭を出産。５～７歳から妊娠可能
- 山奥のサルは７～８歳で初産、２～３年に１回出産するが、栄養たっぷりの里のサルは４～５歳で初産、毎年子を産む。子供の死亡率も低くどんどん増える

行 動

- メスを中心とした20～30頭のグループを形成。エサ条件がよければ、100頭を超えるグループになることも
- 昼行性であるため、人の目につきやすい
- 山林近くの畑に出没しはじめ、人に対する恐怖感が薄れるにつれて集落内に進出。家屋侵入や人身被害なども多い

臆病なシカも思わず入る

牧草で誘う両扉式囲いワナ

大分・**矢野哲郎**

筆者の両扉式囲いワナ。高さ2.5ｍ、縦横６ｍ四方の正方形。骨組みは11㎜鉄筋、メッシュは横10㎝、縦50㎝。総工費は30万円

素人でも群れごと獲れるが捕獲率の低さが課題

動物の心理を深読みし、ワナ猟で年間一二〇頭あまりのイノシシやシカを獲っています。おもに使うのはくくりワナですが、シカの捕獲には大きな檻の囲いワナも使います。集団生活をする動物なので、一度に複数頭捕獲することができるからです。

くくりワナに比べると製作費や設置費用は高額になり、大がかりなワナなので移動させながら使うことはできません。ある程度生息密度の高い地域に設置して、継続的に使うことになります。しかし、くくりワナの場合は獣道を見分けたり仕掛けをつくったりと手間のかかる名人芸のような技術が必要ですが、エサで獲物をおびき寄せる囲いワナならそんな必要はありません。ベテランでも新人でも同じです。

ただ誰でもできる分、くくりワナと比べると捕獲率は落ちます。原因は、シカの場合はエサです。私が住む地域は冬であっても林は青々とし、いくらでも若葉があります。エサが豊富にあれば危険を冒してまでワナの中に入ることはしません。

両扉で安心させ、大好物の牧草で誘う

それでも獲りやすくするために、私は二つの工夫をしています。

ひとつは囲いワナの入口を二カ所つくり、両扉式にすること。シカは臆病な動物なので、常に逃げを念頭に置きながら檻の中に入ってきます。入口（出口）が多いと逃げやすいと思い込むのか、よく入るようです。じつは扉は同時に閉まるのですが。

もうひとつ、シカはとにかく周りより魅力的なエサがあれば獲れます。シカが夢中になるのは牧草です。そこで、私はワナの中で牧草を栽培し、しばらく扉を閉じたままにしてシカの食欲をあおります。

具体的には、まず囲いワナの中を耕し、牧草のタネを播きます。このとき肥料も一緒に施しましょう。そして牧草の芽が出揃うまで扉を閉めておくのです。牧草の芽が出て、きれいに生え揃うとシカが周りをうろつくようになります。檻の隙間から足を入れて牧草を掻くように少し食べたりもします。

牧草が食べたい、食べたい…

こうなったら扉を開けて、ワナを作動させる装置を仕掛ける、意外と簡単に入る――と、こんな具合です。一度シカが入るとワナの中はグチャグチャになりますが、肥料をやっておけば牧草はまた回復します。

私はクローバとイタリアングラスしか試したことがありませんが、とくにクローバは食い付きがいいようです。秋雨前線が来る頃にタネを播き、十一月から春までのエサとして利用しています。

（大分県佐伯市）

＊二〇一四年十一月号「箱ワナ・囲いワナに誘い込むための心理戦」

※筆者のくくりワナの使い方については二〇ページの記事参照

扉２枚を同時に落とすしくみ

扉Bへ
ロープB
チンチロB
ステン動滑車
ステン定滑車
ロープA
ケイトB
扉A
チンチロA
オーリング
ケイトA
40～50cm
牧草

❶シカがケイト（蹴糸）Aに触れる
❷チンチロAが作動、ロープAが扉Aの重みで引かれる
❸ロープAにケイトBが引かれる
❹チンチロBが作動、ロープBが扉Bに引かれる
❺扉Aと扉Bがほぼ同時に落下。シカを囲いワナに閉じ込める

注：万が一、ケイトBに先に触れた場合には扉Aは落ちない

※チンチロのしくみについては25ページをご覧ください

両扉式囲いワナ平面図

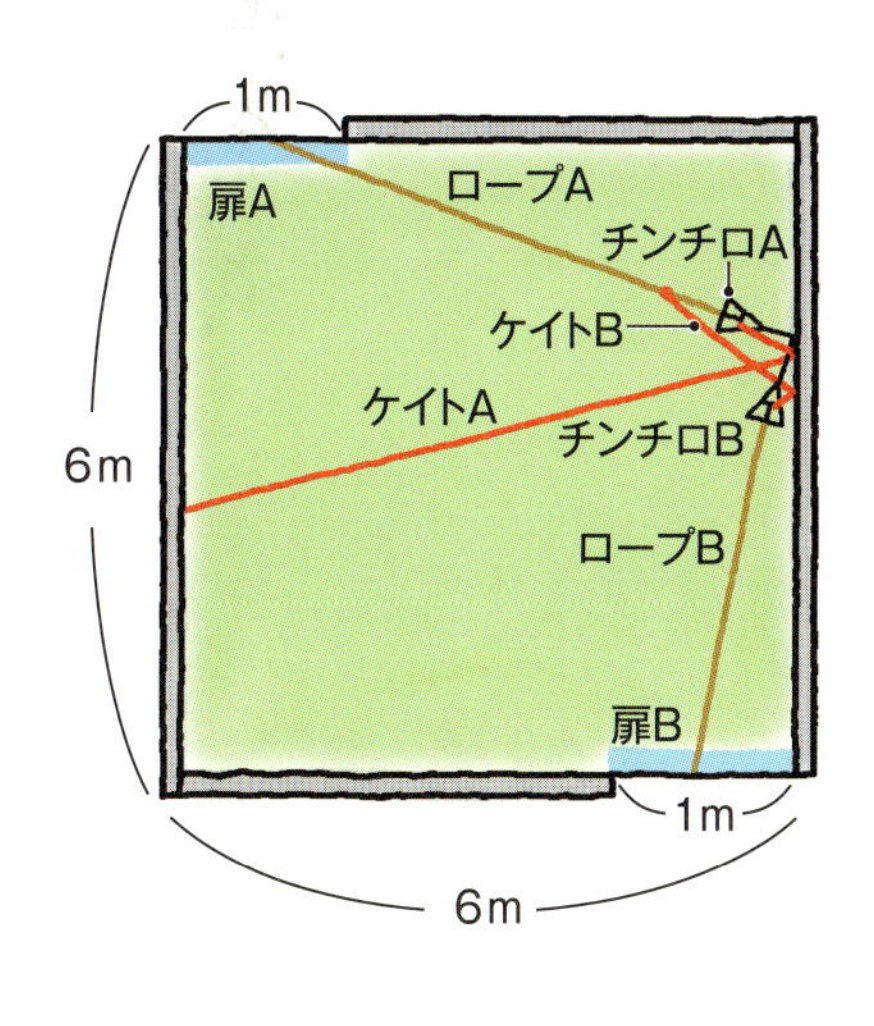

捕獲したシカを処理するときは、中に入ってコーナーに追いつめ、樫の棒で首筋を強打する。倒れたところをもう一度強打し気絶させてからナイフで血抜きする。大きな角がある雄ジカは初心者や高齢の方には手強いので、ベテランに助けてもらったほうがいい

シカの習性

食べもの

・新芽などのやわらかいものを好むが、エサが少なくなれば花のつぼみや樹皮まで何でも食べる。クリやドングリは皮ごと飲み込む

繁 殖

・９～10月頃が繁殖期
・230日程度の妊娠期間を経て、５～６月頃に１頭出産する

行 動

・お母さんを中心とした２～３頭の小さなグループをつくるが、いくつものグループが同時に出没することで100頭を超える群れになることも
・繁殖期にはオス・メス共同の群れをつくる
・グループの行動圏は0.5～２㎢と狭い。ただしオスは、新たな生活場所を求めて移動していく。また積雪地帯では、越冬のために数十㎞も季節移動する
・臆病な動物で、人間を見ると一目散に逃げる。少し離れると「ピィッ」という警戒音を発して仲間に危険を知らせる
・昼間はおもに森林にいて、農耕地などの開けた場所には日没後に出てくる。ただし危険を感じたらすぐ逃げ込めるよう森林から200ｍ以上は離れない

（提供：石田美晴）

シカの群れが入った大型囲いワナ

ドリームヒル・トムラウシで生産するエゾシカ肉加工品

大型囲いワナで エゾシカ資源化に挑む

高倉 豊

群れごと捕獲で年間四〇〇頭 家畜同様に資源化できる

我々ドリームヒル・トムラウシは、平成二十年より北海道でも取り組みの少ない「大型囲いワナ」を使ってエゾシカを捕獲し、エゾシカ肉や原皮などの資源化に取り組んでいます。

北海道ではエゾシカの生息数の拡大に伴い農業被害や林業被害が拡大しており、ドリームヒル・トムラウシがある新得町でも同じ状況です。被害を軽減するためには捕獲を進め、エゾシカの個体数密度を下げる必要があります。また捕獲したエゾシカを単純に埋設や焼却して処分するよりも、肉や皮を利活用し産業化すれば捕獲活動を推進することができます。

大型囲いワナは、一ha（一〇〇m×一〇〇m）程度を囲う柵の中に置いたエサで獲物を引き寄せます。一度の仕掛けで複数の群れ単位（一群で三〜七頭）をまとめて捕獲することができ、ワナは何度でも利用可能です。

また、捕獲後は牛や豚などの家畜と同様の処理（血抜き、内臓摘出など）で生産される肉は衛生的かつおいしく、皮にキズが付きにくいため、レザー（なめし革）の原材料（原皮）としての評価も高くなります。

この五年間、年平均で約四〇〇頭のエゾシカを捕獲し、資源化してきました。その間の試行錯誤で、よりよいワナの使い方やその有効性についても理解を進めることができましたが、いっぽうで大型囲いワナの課題も見えてきました。我々の経験をふまえ、大型囲いワナに関する捕獲から資源化のポイントについてご説明します。

エゾシカによる林業被害

モニターで入ったシカの頭数を確認し、リモコンスイッチでゲートを閉める

ゲートから離れた位置にエサのビートパルプを置き、シカの群れを誘い込む

捕獲から資源化まで

一時養鹿施設で捕獲と処理のバランスを調整

ドリームヒル・トムラウシでは、以下のプロセスで捕獲したエゾシカの資源化を進めています。

①大型囲いワナにエサを配置し、エゾシカを誘引する。毎日の見回りによってワナの中に何頭のエゾシカが入っているかを確認しながら、エサの位置や量を調整する。

②目標となる頭数以上の誘引が確認できたら、エゾシカがワイヤーに触れることで自動的にゲートを閉鎖する仕組みを作動させるか、目視とリモコンスイッチの操作でゲートを閉鎖し、エゾシカを捕獲する。

③捕獲したエゾシカを移送用の箱に追い込み、一時養鹿（ようろく）施設に移送する。

④一時養鹿施設に併設された処理場で屠殺・解体し、エゾシカ肉や原皮を生産する。

作業量の平準化や全体の効率性を意識し、ワナ設置から肉や原皮の生産までのプロセス全体を最適化することが、大型囲いワナを用いたエゾシカの処理システムの肝であると考えています。たとえば一時養鹿施設のエゾシカが多い場合は捕獲をストップしたり、肉の需要が小さい季節は一時養鹿するエゾシカ頭数を増やすといったように、年間を通して処理場の稼働率を高める工夫をしています。

同じワナであっても、くくりワナや箱ワナといった個体ごとに捕獲し資源化を進める手法とは違い、一度に多くの個体を捕獲できる分、必然的に大がかりなシステムになりま

一時養鹿施設で管理中のエゾシカ

一時養鹿施設

処理場に隣接する草地に柵を張り巡らせた施設。面積は30a。捕獲されたシカは草地の中で一時的に過ごす。処理計画にしたがって適正な頭数だけ端の通路に追い込んで処理していく

す。捕獲後の処理設備や販売ルートの開拓などを適切に組み合わせることが重要です。

捕獲と管理のポイントは、以下の三点となります。

1．シカがよく出る目立たない場所にワナ設置

囲いワナ設置場所の選定には事前調査が欠かせません。その地域でのエゾシカの出没・通過がもっとも高いと思われる場所で、ある程度エゾシカが過敏にならない場所にするべきです。例えば見通しがよすぎる場所や交通量が多い場所、ハンターによる狩猟圧が高い場所は避けたほうが無難です。

捕獲個体の移送や運搬といった捕獲後のプロセスも考慮すべきで、なるべく運びやすい場所に設置したいものです。ただし、その点ばかり考え過ぎて、エゾシカの捕獲頭数そのものが減ってしまったこともあります。ほかにもさまざまありますが、設置場所の選定は大型囲いワナのもっとも重要事項といっても過言ではないと考えています。

2．誘引効果の高いエサで導き入れる

誘引エサとして、我々はビートパルプのブロック（約六〇kg）を使用しております。試験的にビートパルプ以外の家畜用飼料や廃棄野菜等を設置したこともありますが、ビートパルプのブロックが一番効果的と判断しています。また、ビートパルプはペレットよりもブロックのほうが効果的なようです。

ビートパルプ以外の家畜用飼料、圧ぺんコーン・大豆・麦・配合飼料などはエゾシカ以外の野生動物に対する影響も大きく出ます。キツネ、タヌキ、ウサギ、鳥、クマ等を引き寄せる要因となるのであまり使用しません。

もちろん、効果的な誘引エサは地域によっても大きく変わ

ると思います。たとえば米ヌカがもっとも効果的な誘引エサであるという本州のある地域での研究発表を聞いて、さっそく我々も試しました。しかし、効果はほとんどありませんでした。最近では北海道でも稲作が盛んになっておりますが、まだエゾシカにとっては認識が薄いのかもしれません。数年後には本州と同じく効果が高い誘引エサになる可能性はあります。

囲いワナの中でのエサの配置も工夫が必要です。基本的にはワナの中央に配置しますが、入り口（ゲート）付近に少しエサを置き、入り口をくぐることに慣れるようにしたり、あえてワナの奥に配置し、多くのエゾシカをワナの中に入れるといった工夫を行なっています。もちろん、すべてのパターンで同じエサの配置が正解とはなりません。エゾシカの群れがどういった行動をとるかを観察し、より効果的なエサの配置を試行する必要もあります。

ゲート付近にエサを置き、くぐることに慣れさせる

3. 一時養鹿施設に「指導員」的シカを入れる

一時養鹿施設にいるエゾシカは、いわば在庫という位置づけになります。そのため、適切に管理（飼育）し、健康状態を維持させなければいけません。しかし、もともと臆病な動物なので人間が近づくと興奮し、金網や柵などに激突しケガしたり死亡してしまう事故が発生したこともありました。

施設内に半年以上飼育したエゾシカが三〇頭に一頭程度の割合でいると、群れ全体が落ち着く効果があるようです。そんなエゾシカを、我々は「指導員」と呼んでいます。

資源化までのシステムができあがったとしても、大きな課題があります。

大型囲いワナでエサによる誘引が効果的なのは、自然界にエサが少なくなる春先に偏ります。ところが春先のエゾシカの肉は需要が小さく、販売しても高く売れないので処理場の経営にとってあまりありがたくありません。

また、地域の個体数密度が低下すると捕獲頭数が減ってしまいます。おそらく山のエサで十分となってしまい、わざわざリスクをとって誘引エサを食べようとしない場合もあるからです。すると、捕獲頭数が前年比で九〇％減などと極端に減ることもあります。

大型囲いワナによる捕獲から資源化の取り組みはまだ知見が少なく、我々も試行錯誤が続いている状況です。今後よりよい肉や原皮が安定的に生産できるようにシステムの改良に取り組んでいるところです。

（北海道新得町　㈱ドリーム　ヒル・トムラウシ）

ワナで捕獲を始めるには

～必要な免許・許可～

㈱野生鳥獣対策
連携センター
阿部 豪さん

日本では、**野生鳥獣の捕獲は**法律(注1)によって**原則として禁止**されています。たとえ自分の畑に勝手に侵入し野菜を食べていた動物がいたとしても、事前に免許や許可を取らなければ、捕獲し、処分することはできない(注2・3)のです。

野生動物を捕獲するには、**狩猟免許**と**狩猟者登録**が必要です

注1 鳥獣の保護及び狩猟の適正化に関する法律（略称「鳥獣保護法」）

注2 モグラ・ネズミ類は例外。被害防止のためなら捕獲してもいい

注3 囲いワナによる捕獲は、農林業家が被害防止を目的でするなら狩猟免許は取得不要。ただし、猟期期間中（次頁参照）のみ

狩猟免許の種類

わな猟免許	網猟免許
第一種銃猟免許（装薬銃・空気銃）	第二種銃猟免許（空気銃）

狩猟免許は捕獲に使う猟具によって4種類。箱ワナや囲いワナ、くくりワナを使う場合は「わな猟免許」が必要です。
ただし、狩猟免許だけでは狩猟はできません。合わせて都道府県に狩猟者登録を申請、認可されてはじめて狩猟ができるようになります

狩猟免許は、都道府県が実施する試験に合格することで取得できる（有効期限は3年間）。猟具の取り扱いなどの技能試験もあるので、事前に地元猟友会が開催する講習会に参加しておいたほうが合格率は高い。

免許取得後、都道府県の狩猟行政担当部局に狩猟者登録を申請する。ちなみに猟友会に入れば手続きは代行してもらえる。

必要な費用

狩猟免許申請手数料5200円 ＋ 狩猟者登録手数料1800円 ＋ 狩猟税8200円＝15200円

ほかに医師による診断書作成費用、猟友会に属さない場合は、わな保険料なども必要

狩猟免許・狩猟者登録を取る

狩猟開始までの手続き

狩猟免許試験の申し込み
↓（講習会に参加）
狩猟免許試験
↓ 合格!
狩猟免許取得
↓
狩猟者登録の申請
↓
狩猟開始!

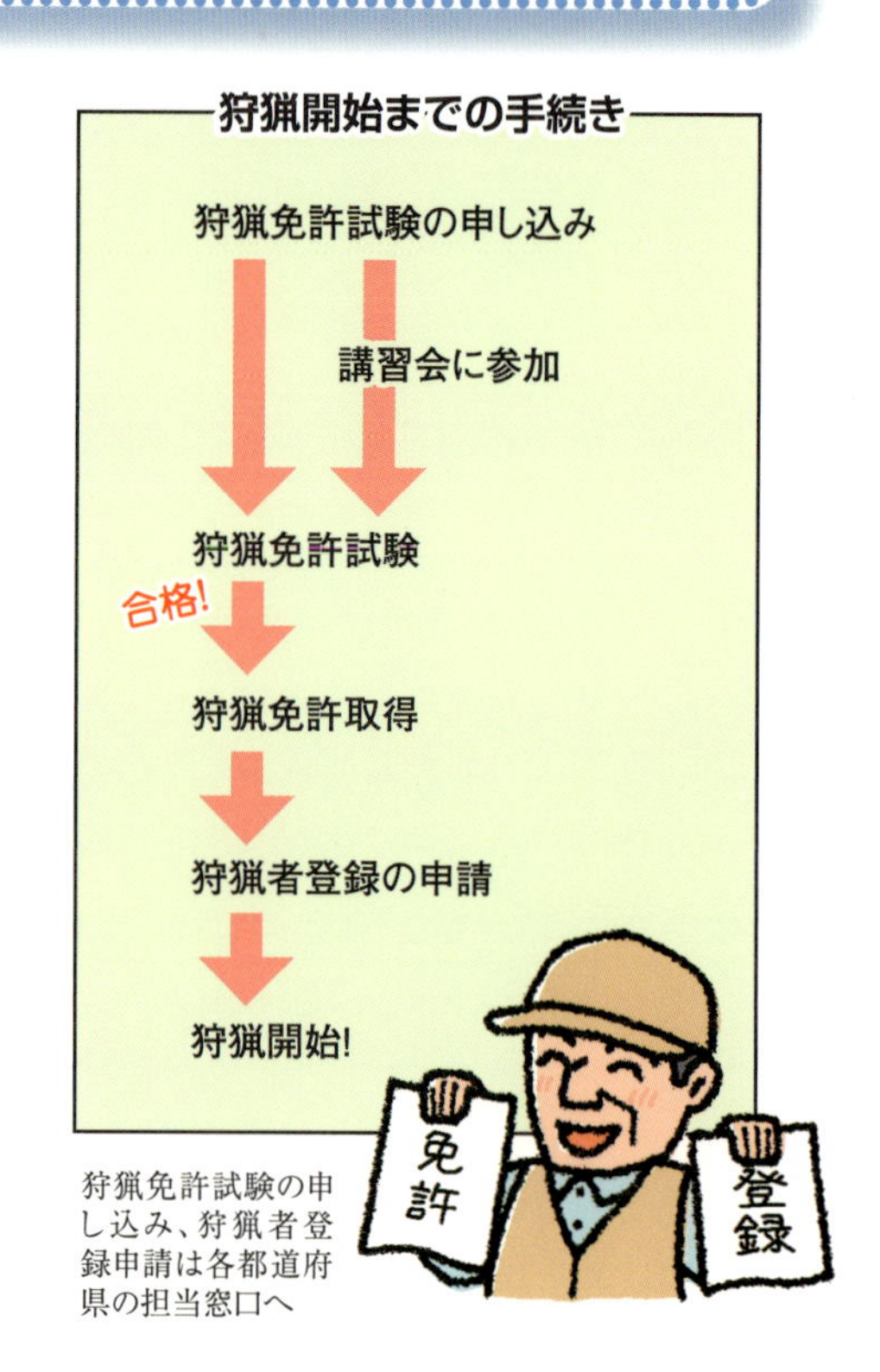

狩猟免許試験の申し込み、狩猟者登録申請は各都道府県の担当窓口へ

狩猟による捕獲の条件

ちなみに免許があるからといって**何でも捕獲できるわけではありません。**狩猟で捕獲できる鳥獣は、鳥獣保護法施行規則により現在48種類に指定されています。
また、狩猟ができるのは**猟期期間中に限定**されており、一年中捕獲できるわけでもないので注意しましょう(※)

※狩猟鳥獣や狩猟期間については都道府県によって異なる場合があるので、狩猟者登録をする都道府県に確認する

狩猟ができる期間

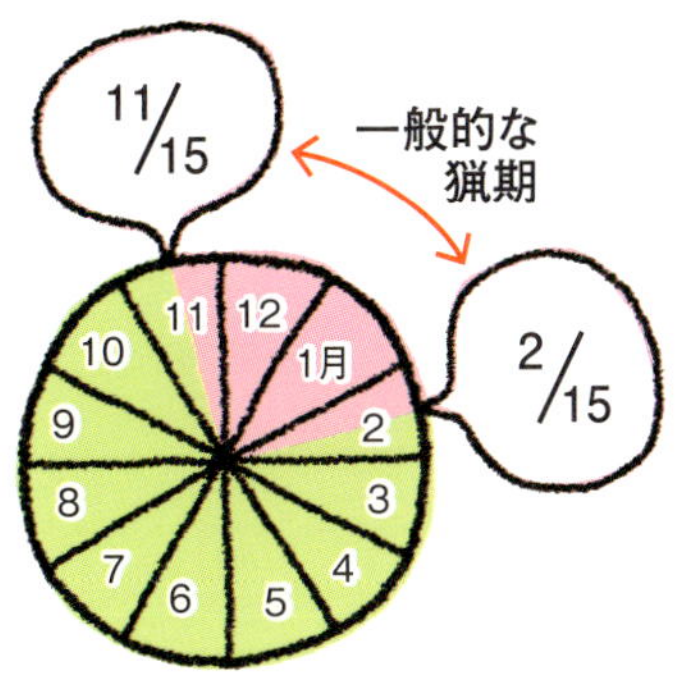

(北海道では10/1～1/31)

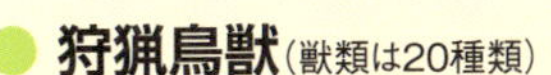

WANTED

イノシシ

ニホンジカ

ハクビシン

アナグマ

アライグマ★

ヌートリア★

タヌキ、キツネ、ヒグマ、ツキノワグマ、ノウサギ…等々(詳細は自治体等で確認)

★アライグマ・ヌートリアは「特定外来生物」

生態系への被害もあるため、運搬や飼育・保管、野に放つ行為などが規制されている。捕獲した場合は捕獲現場での殺処分、もしくは地方自治体への引き渡しが「外来生物法」により定められている

注意 **ニホンザルは非狩猟鳥獣**

狩猟で獲ることはできない

「有害鳥獣捕獲」の申請もできる

被害が深刻で、柵だけでは防ぎきれなかったり、サルなどの非狩猟鳥獣も捕獲する必要がある場合などは、**「有害鳥獣捕獲」の許可を申請**する方法もあります。
狩猟免許を持ち、かつ都道府県知事や市町村長からこの許可を受けた人は、猟期に限らず被害を防ぐために**必要な期間**、サルなどの**非狩猟鳥獣も含めて捕獲**できます(※)

※捕獲できる期間、場所、有害鳥獣は、許可にあたって指定される

区分	狩猟	有害鳥獣捕獲(許可捕獲)
定義	狩猟期間中に、法定猟法により狩猟鳥獣の捕獲を行なうこと	農林業や生態系への被害防止の目的で鳥獣の捕獲を行なうこと
対象鳥獣	指定された鳥獣(狩猟鳥獣)48種	被害鳥獣または被害を出す恐れのある鳥獣(狩猟鳥獣以外も含む)
捕獲目的	問わない	農林業や生態系への被害防止
資格要件	・狩猟免許の取得 ・狩猟者登録 (登録先:都道府県、年度ごとに登録)	・狩猟免許の取得 ・捕獲許可の申請が必要 (申請先:都道府県、ただし許可権限を市町村に委任している場合は役場へ)
捕獲できる時期	毎年11/15～翌年2/15 (都道府県によって延長または短縮あり)	許可された期間 (通常1年以内)
方法	法定猟法 (わな猟・網猟・銃猟)	法定猟法以外も可 (危険猟法については制限あり)

詳しくは、地元自治体の鳥獣対策担当窓口に相談してみましょう

個人での申請もできるが、一般的には、市町村が地元猟友会に依頼して有害捕獲班や鳥獣被害対策実施隊を組織して対応していることが多い

ワナで反撃、恵みをいただく

現代農業 特選シリーズ　DVDでもっとわかる 9
これなら獲れる！ワナのしくみと仕掛け方

2015年5月25日　第1刷発行
2021年11月10日　第4刷発行

編者　一般社団法人　農山漁村文化協会

発行所　一般社団法人　農山漁村文化協会
〒107-8668　東京都港区赤坂7丁目6-1
電話　03(3585)1142(営業)　03(3585)1146(編集)
FAX　03(3585)3668　　振替　00120-3-144478
URL　http://www.ruralnet.or.jp/

ISBN978-4-540-15121-7
〈検印廃止〉

DTP制作／㈱農文協プロダクション
印刷・製本／凸版印刷㈱
乱丁・落丁本はお取り替えいたします。

農家がつくる、農家の雑誌

現代農業

身近な資源を活かした堆肥、自然農薬など資材の自給、手取りを増やす産直・直売・加工、田畑とむらを守る集落営農、食農教育、農都交流、グリーンツーリズム―農業・農村と食の今を伝える総合誌。

定価838円（送料120円、税込）年間定期購読10056円（前払い送料無料）
A5判　平均320頁

●2015年6月号
減農薬大特集
農薬のラベルに「系統」の表示が必要だ

●2015年5月号
特集：トラクタで
トクする百科

●2015年4月号
特集：天気を読む
暦を活かす

●2015年3月号
特集：2015春　元肥で
トクする百科

●2015年2月号
品種選び大特集
イタリアンナスvs日本のナス

●2015年1月号
特集：資材・機械　農家の
かしこい買い物術

●2014年12月号
特集：貯蔵・保存の
ワザ拝見

●2014年11月号
特集：コンテナ大活躍

好評！ DVDシリーズ

直売所名人が教える
野菜づくりのコツと裏ワザ

全2巻 15,000円＋税　全184分

第1巻（78分）
直売所農法
コツのコツ編

第2巻（106分）
人気野菜
裏ワザ編

見てすぐ実践できる、儲かる・楽しい直売所野菜づくりのアイディア満載動画。たとえばトウモロコシは、タネのとんがりを下向きに播くと100%発芽する…などなど、全国各地の直売所野菜づくりの名人が編み出した新しい野菜づくりのコツと裏ワザが満載。

直売所名人が教える
畑の作業　コツと裏ワザ

全3巻　22,500円＋税　全153分

第1巻（48分）
ウネ立て・畑の耕耘編

第2巻（56分）
マルチ・トンネル・パイプ利用編

第3巻（49分）
草刈り・草取り編

一年中、いろんな野菜を出し続ける直売所名人は、忙しい日々の作業を上手にこなす作業名人でもある。仕事がすばやく、仕上がりキレイ。手間をかけずにラクラクこなす。段取り上手で肥料・農薬に頼りすぎない。そんな作業名人のコツと裏ワザの数々を動画でわかりやすく紹介。